HANDBUCH
DER
MINERALOGIE

VON

DR. CARL HINTZE,
GEHEIMER REGIERUNGSRAT
WEIL. O. Ö. PROFESSOR AN DER UNIVERSITÄT BRESLAU

GESAMTREGISTER

BESORGT

VON

K. F. CHUDOBA
O. PROFESSOR AN DER UNIVERSITÄT BONN

BERLIN 1939
WALTER DE GRUYTER & CO.
VORMALS G. J. GÖSCHEN'SCHE VERLAGSHANDLUNG - J. GUTTENTAG, VERLAGSBUCHHANDLUNG - GEORG REIMER - KARL J. TRÜBNER - VEIT & COMP.

Archiv-Nr. 52 29 39

Druck von Metzger & Wittig in Leipzig

Printed in Germany

Vorwort.

Das von Carl Hintze und Gottlob Linck im Zeitraum von 1889 bis 1938 herausgegebene Handbuch der Mineralogie, das ein einzigartiges und unentbehrliches Hilfsmittel der wissenschaftlichen Betätigung und Forschung der Mineralogen, Mineralchemiker, Physikochemiker, Geologen, Bergleute, Chemiker, Physiker und anderer darstellt, und das mit seinen zwei Bänden und dem Ergänzungsband infolge der verschiedenen Abteilungen **acht** Bucheinheiten besitzt, entbehrte bisher ein alle Bände umfassendes Generalregister.

Dieser Mangel hat den Gebrauch und die Handhabung des sonst so vorteilhaft gestalteten Handbuches in mancherlei Hinsicht erschwert. Nur bei Kenntnis der chemischen Zusammensetzung eines Minerals war es wahrscheinlich, den richtigen Band des Nachschlagewerkes in die Hand zu bekommen. Wollte man sich jedoch vergewissern, ob für irgendein Mineral in den verschiedenen Bänden Angaben stehen, so mußte man die vier vorliegenden Einzelregister und den Ergänzungsband nachschlagen, also einen Zeitaufwand in Kauf nehmen, der überflüssig ist, wenn ein Gesamtregister des wichtigen Standardwerkes vorhanden ist.

Im Einverständnis mit Herrn Geheimrat Linck habe ich durch meine Mitarbeiterin am Mineralogisch-Petrologischen Institut und Museum der Universität Bonn, Fräulein Erna Sommerhoff, der ich an dieser Stelle für ihre Mitarbeit herzlichst danken möchte, ein übersichtliches Verzeichnis aller im Handbuch behandelten Mineralien zusammenstellen lassen, und ich hoffe, daß die nun vorliegende Arbeit allen Benutzern des Handbuchs eine willkommene Hilfe sein wird.

Die Korrektur der Druckbogen hat Herr Dr. Fritz Schmitt besorgt, da ich seit Kriegsausbruch meiner militärischen Dienstpflicht an der Westfront nachkam; auch ihm sei für seine mühevolle Arbeit mein herzlichster Dank ausgesprochen.

November 1939. **Chudoba**

Gesamtregister

Die römischen Ziffern verweisen auf den Band bzw. mit darauf folgenden arabischen Ziffern auf den Bandteil, die dann folgenden arabischen Ziffern auf die Seite. Also: I. 2. 1220 = Band I, 2. Abteilung, Seite 1220; I. 3,2. 4283 = Band I, 3. Abteilung, 2. Hälfte, Seite 4283. E bedeutet Ergänzungsband.

Aarit I. 1. 625.
Abacus-Steine I. 2. 1494.
Abichit I. 4,2. 1105.
Abrazit II. 1810.
Abriachanit II. 1267.
Acadialith II. 1780. 1773.
Acerado I. 1. 1198.
Acerdèse I. 2. 1980.
Acerillo I. 1. 506.
Achat I. 2. 1472. 1477.
Achatjaspis I. 2. 1476.
Achirit II. 455.
Achlusit E. 1.
Achmatit II. 221.
Achmit II. 1128.
Achondrit I. 1. 161.
Achroit II. 328.
Achromait E. 1.
Achtaragdit II. 450.
Achtarandit II. 451.
Achtaryndit II. 451.
Aciculit I. 1. 1138.
Actinote II. 1193.
Actynolite II. 1193.
Adamantin, Spath I. 2. 1748.
Adamas I. 1. 13.
Adamin I. 4,1. 633. 643.
Adamite I. 4,1. 646.
Adamsit II. 606. 629.
Adelit I. 4,1. 634. 708.
Adelpholith I. 2. 1652; I. 4,1. 430.
Adelsvorschub I. 1. 240.
Ademant I. 1. 13.
Adipit II. 1778.
Adipocerit I. 4,2. 1368.
Adlerstein I. 2. 2015.
Adular II. 1353.
Aedelforsit II. 1011. 1676.
Aedelit II. 475.
Aegirin II. 1125.
Aegirin-Augit II. 1023.
Aegyrin II. 1128.
Aenigmatit II. 1268.
Äonit E. 1.
Aerosit I. 1. 1056.
Aerugit I. 4,1. 388. 389.
Aerugo nativa I. 3,1. 3362
Äschynit E. 2.
Aethiops I. 1. 702.
Aëtit I. 2. 2015. 2058.
Afterschörl II. 494.
Aftonit I. 1. 1105.
Afwillit E. 5.
Agalit II. 992.
Agalmatolith II. 829. 818. 827.
Agat I. 2. 1471.
Agerit E. 1.
Aglait II. 1120.
Aglaurit E. 9.
Agnesit I. 2. 1248.
Agnolith E. 9.
Agricolit I. 3,1. 3403; II. 45.
Agstein I. 4,2. 1383.
Aguilarit I. 1. 457.
Agujillas I. 1. 855.
Agustit I. 4,1. 514.
Aidstein, geeler I. 4,2. 1383.
Aidstein, weißer I. 4,2. 1383.
Aigirin (Aigyrin) II. 1128.
Aigue-marine II. 1279.
Aikinit I. 1. 1137. 1138.
Ainalith I. 2. 1701.
Ainigmatit II. 1269.
Airy'sche Spiralen I. 2. 1291.
Aithalit I. 3,1 3608.
Ajkait I. 4,2. 1423. 1426.
Ajkite I. 4,2. 1427.
Akadialyt II. 1780.
Akalidavyn E. 9.
Akanthikon II. 220.
Akanthit I. 1. 438. 541.
Akbar Schah (Diamant) I. 1. 20.
Akermanit II. 1587.
Akmit II. 1125.
Akmitaugit E. 9.
Akontit I. 1. 862.
Akratothermen I. 2. 1220.
Akrochordit I. 4,2. 898. 960. 1091.
Aktinolith II. 1186. 1193.
Alabandin I. 1. 546.
Alabaster I. 3,2. 4283.
Alait I. 4,2. 856.

Alalith II. 1032.
Alamosit E. 10.
Alaskait I. 1. 1011.
Alaun, basischer I. 3,2. 4184.
Alaun, gemeiner I. 3,2. 4184.
Alaunerz, weißes I. 3,2. 4183.
Alaunfels I. 3,2 4184.
Alaun-Grammit I. 3,2. 4184.
Alaunhaloid, rhomboëdrisches I. 3,2. 4184.
Alaunspat I. 3,2. 4184.
Alaunstein I. 3,2 4180.
Alaunstein, splittrige Abart I. 3,2. 4184.
Albanit E. 12.
Albaurach I. 4,1. 152.
Albertit I. 4,2 1428. 1429.
Albertkohle I. 4,2. 1430.
Albiklas E. 12.
Albin II. 1736.
Albit II. 1355. 1428. 1447.
Albit-Gesetz II. 1435.
Alcali fixe minéral I. 3,1. 2757. 2780.
Alcali minerale vitriolatum I. 3,2 4267.
Alcali orientale impurum terrestre I. 3,1. 2757.
Alcali vegetabile unito con l'acido sulfurico I. 3,2. 3692.
Alcali volatil vitriolé I. 3,2. 3661.
Alexandrit I. 4,1. 75. 84.
Alexjejewit I. 4,2. 1366.
Algerit II. 1555. 1572.
Algodonit I. 1. 420.
Alipit II. 806.
Alisonit I. 1. 513. 514.
Alkali-Femaghastingsit E. 12.
Alkali-Ferrohastingsit E. 12.
Alkali, fixes mineralisches I. 3,1. 2780.
Alkali-Glimmer II. 592.
Alkaligranat E. 12.
Alkali-Hastingsit E. 12.
Alkalispinell E. 13.
Alkali, fixes vegetabilisches I. 3,1. 2780.
Alkanasul E. 13.
Allagit II. 1156. 1157.
Allaktit I. 4,2. 775. 1166. 1178.
Allanit II. 259.
Allcharit E. 14.
Alleghanyit E. 14.
Allemontit I. 1. 112. 113.
Allingit I. 4,2. 1397. 1401.
Allochroit II. 82. 84. 88.
Alloclasit I. 1. 874.
Allodelphit E. 15.
Allogonit, haplotyper I. 4,1. 684.
Alloklas I. 1. 873.
Allomorphit I. 3,2. 3823. 3884.
Allopalladium I. 1. 133.
Allophan II. 1828.
Allophanoide E. 17.
Allophit II. 799.
Allophytin I. 3,1. 3615.
Alluaudit I. 4,1. 231. 703.
Alm I. 3,1. 2824. 2896.
Almagrerit I. 3,2. 4011.
Almandin. II. 71.
Almandinspinell. I. 4,1. 7.
Almaschit E. 17.
Almeraït E. 18.
Almeriit I. 3,2. 4520. 4526.
Aloisiit E. 18.
Alomit E. 18.
Aloxit E. 18.
Alshedit II. 1616. 1633.
Alstonit I. 3,1 2959. 3096.
Altait I. 1. 514.
Altas I. 1. 697.
Alumen I. 3,2. 4494.
Alumen, marmoris I. 3,2. 4183.
Alumen, roccae I. 3,2 4494.
Alumestone, rhomboedrale I. 3,2. 4184
Alumian I. 3,2 4436.
Aluminate of lead, native hydrous I. 4,2. 1155.
Aluminilit I. 3,2. 4184.
Aluminit I. 3,2. 4396. 4412. 4432.
Aluminiumchlorid-Hexahydrat I. 2. 2505.
Aluminiumepidot E. 18.
Aluminiumfluorid-Monohydrat I. 2. 2506.
Aluminiumhaloide, Gruppe der I. 2. 2504.
Aluminiumphosphat, wasserhaltig mit Zinkoxyd I. 4,2. 1156.
Aluminiumsulfat-Hexakaidekahydrat I. 3,2. 4404.
Aluminiumtrihydroxyd I. 2. 1947.
Alumocalcit I. 2. 1512. 1517.
Alumochalkosiderit E. 19.
Alumogel E. 19.
Alumohydrocalcit E. 19.
Alun de roche I. 3,2. 4494.
Alunit I. 3,2. 4179. 4180; I. 4,2. 722. 723, 1116.
Alunit, isotroper I. 3,2. 4194.
Alunogen I. 3,2. 4406.
Aluschtit E. 20.
Alvit I. 2. 1651.
Amalgam I. 1. 322.
Amarantit I. 3,2. 4396. 4412. 4424.
Amargosit E. 20.
Amarillit E. 20.
Amatrice I. 4,2. 1282.
Amazonenstein II. 1354.
Amazonit II. 1357.
Ambar I. 4,2. 1383.
Ambatoarinit I. 3,1. 3351. 3408.
Amber I. 4,2. 1383.
Amberin E. 20.
Amberit I. 4,2. 1400.
Amblygonit I. 4,1. 621. 622.
Amblystegit II. 967. 975.
Ambrit I. 4,2. 1397. 1400.
Ambrosin I. 4,2. 1375. 1394.
Ambrosit I. 4,2. 1394.
Ameletit E. 21.
Amesit II. 684. 688. 722.
Amethyst I. 2. 1326.

Amethyst aus Sachsen I. 4,1. 513.
Amethyst, orientalischer I. 2. 1750.
Amiant II. 1194.
Amiantoid II. 1194.
Amiatit I. 2. 1519.
Ammiolit I. 4,2. 768. 842.
Ammochrysos II. 520.
Ammonia I. 3,2. 3664.
Ammoniac, Sulphate of I. 3,2. 3661.
Ammoniac, vitriolic I. 3,2. 3661.
Ammoniak, zweifach kohlensaures I. 3,1. 2749.
Ammoniakalaun I. 3,2 4498.
Ammoniaksalpeter I. 3,1. 2677. 2724.
Ammoniaksalz, prismatisches I. 3,2. 3661.
Ammoniaque muriaté I. 2. 2257.
Ammoniaque sulfatée I. 3,2. 3661.
Ammonioborit E. 22.
Ammoniojarosit I. 3,2. 4179. 4204.
Ammoniumaluminiumsulfat-Dodekahydrat I. 3,2. 4498.
Ammoniumbicarbonat I. 3,1. 2748.
Ammonium-Carnallit I. 2. 2373.
Ammoniumchlorid I. 2. 2257.
Ammonium-Eisenchlorid I. 2. 2503.
Ammoniumfluorid I. 2. 2488.
Ammoniumfluorotitanat I. 2. 2563.
Ammoniumhexafluoroaluminat I. 2. 2524.
Ammoniumhexafluorosilicat I. 2. 2563.
Ammoniumhexafluorostannat I. 2. 2563.
Ammoniumhexafluorozirkoniat I. 2. 2563.
Ammonium-Kryolith I. 2. 2524.
Ammoniummagnesiumphosphat-Hexahydrat I. 4,2. 1196.
Ammoniummagnesiumsulfat-Hexahydrat I. 3,2. 4475.
Ammoniumnitrat I. 3,1. 2724.
Ammoniumsesquicarbonat I. 3,1. 2751.
Ammoniumsiliciumfluorid I. 2. 2564.
Ammoniumsulfat I. 3,2. 3658.
Ammoniumsulfat-Kaliumsulfat I. 3,2. 3664.
Ammoniumsyngenit I. 3,2. 4455.
Ammonpentaborat I. 4,1. 188.
Amoibit I. 1. 782.
Amosit E. 24.
Ampangabeit E. 25.
Amphibol II. 1194.
Amphibol-Anthophyllit II. 1182. 1196.
Amphibole, asym. II. 1268.
Amphibole, monos. II. 1186. 1249. 1257. 1263.
Amphibole, rhomb. II. 1179.
Amphibolgruppe II. 1179. 958.
Amphigen II. 1296.
Amphilogit II. 606. 621.
Amphodelit II. 1537. 1545. 1544.
Amphoterit I. 1. 161; II. 995.
Amsterdamer (Diamant) I. 1. 19.
Analbit E. 29.
Analcim II. 1712.
Anapait I. 4,2. 1202. 1220.
Anatas I. 2. 1563. 1567.
Anauxit II. 1828.
Anchydrit I. 3,2. 3766.
Andalusit II. 128.
Andeklas E. 29.
Anderbergit I. 2. 1651.
Andesin II. 1496. 1428. 1430.
Andorit I. 1. 1007.
Andradit II. 82.
Andreasbergolith II. 1794.
Andreolith II. 1794.
Andrewsit I. 4,2. 1125. 1141.
Androdamant I. 2. 2456.
Androdamas I. 2. 1793; I. 3,1. 2895.
Anemousit E. 30.
Angaralith E. 30.
Angelardit I. 4,2. 873. 1091.
Anglarit I. 1. 1014; I. 4,2. 873. 1242.
Anglesit I. 3,2. 3734. 3962.
Anglesite, cupreus I. 3,2. 4207.
Angrit I. 1. 161; II. 1094.
Anhydrit I. 3,2. 3735.
Anhydrit, löslicher I. 3,2. 3739.
Anhydrit, triplotomer I. 3,2. 3766.
Anhydrites calcarius I. 3,2. 3766.
Anhydrobiotit E. 30.
Anhydrokainit E. 30.
Anhydromuskowit E. 30.
Añilado I. 1. 664.
Animikit I. 1. 428.
Ankerit I. 3,1. 3112. 3251.
Ankylit I. 3,1. 3470. 3531.
Anna, Pedras de I. 1. 761.
Annabergit I. 4,2. 1235. 1261.
Ånneroedit I. 4,1. 421.
Annit II. 547. 575.
Annivit I. 1. 1100.
Anomit II. 526. 528. 547.
Anophorit E. 30.
Anorthit II. 1355. 1428. 1532.
Anorthithauyn E. 32.
Anorthoït II. 1545.
Anorthoklas II. 1418.
Anorthose II. 1418.
Ansilit E. 32.
Antamokit E. 32.
Anthochroït II. 1116.
Anthogrammit II. 1181.
Antholith II. 1181. 1191.
Antophyllit II. 1179.
Anthophyllite, hydrous II. 1182.
Anthracit I. 1. 68.
Anthracoxen I. 4,2. 1397. 1422.
Anthracoxenit I. 4,2. 1397. 1422. 1444. 1446.
Anthrakolith I. 3,1. 2895.
Anthrakonit I. 3,1. 2896.
Anthrax I. 4,1. 15.
Anthraxolit I. 4,2. 1428. 1433.
Antiëdrit II. 1711.
Antigorit II. 765. 780.
Antillit II. 974.

Antimon I. 1. 114.
Antimonachum I. 1. 116.
Antimonarsen I. 1. 112.
Antimonarsenfahlerz I. 1. 1086.
Antimonarsenik I. 1. 113.
Antimonarsennickel I. 1. 617.
Antimonarsennickelglanz I. 1. 787.
Antimonarsensilber I. 1. 431.
Antimonbleiblende I. 1. 1040.
Antimonbleiglanz I. 1. 1126.
Antimonbleikupferblende I. 1. 1126.
Antimonbleispat I. 4,2. 834.
Antimonblende I. 1. 1201.
Antimonblüte I. 2. 1238. 1240.
Antimonblüte, oktaëdrische I. 2. 1235.
Antimon-Enargit I. 1. 1184.
Antimonfahlerz I. 1. 1082. 1086.
Antimonglanz I. 1. 366. 372.
Antimonglanz, axotomer I. 1. 1025.
Antimonglanzgruppe I. 1. 366.
Antimonide I. 1. 347.
Antimonit I. 1. 366. 372.
Antimonkupfer I. 1. 423.
Antimonkupferglanz I. 1. 1130.
Antimonluzonit E. 32.
Antimonnickel I. 1. 624.
Antimonnickelglanz I. 1. 789.
Antimonnickelkies I. 1. 790.
Antimonnickelkobaltglanz I. 1. 795.
Antimonocker I. 2. 1251. 1252.
Antimonoxychlorid I. 2. 2653.
Antimonoxyd I. 2. 1239.
Antimonoxyd, antimonsaures I. 2. 1252.
Antimonphyllit I. 2. 1240.
Antimonrotgiltigerz I. 1. 1056.
Antimonsilber I. 1. 424.
Antimonsilberblende I. 1. 1051. 1056.
Antimonsilberglanz I. 1. 1153.
Antimonspat I. 2. 1240.
Antimontrioxyd I. 2. 1226. 1235.
Antimonzinnober I. 1. 1203. 1206.
Antiperthit E. 32.
Antlerit I. 3,2 4221. 4223.
Antrimolith II. 1707.
Antozonit I. 2. 2385. 2420.
Aotea II. 1248.
Apatelit I. 3,2. 4413. 4438.
Apatit I. 4,1. 487. 488.
Aphanèse I. 4,2. 1105.
Aphrit I. 3,1. 2997.
Aphrizit II. 328.
Aphrodit II. 813.
Aphronatrum I. 3,1. 2733.
Aphronitrum I. 3,1. 2733.
Aphrosiderit II. 748.
Aphtalose I. 3,2. 3692.
Aphthonit I. 1. 1105.
Aphtitalit I. 3,2. 3692.
Apjohnit I. 3,2 4502. 4507.
Aplom II. 82. 84.
Apophyllit II. 1731. 1735.
Apricosin E. 33.
Apyrit II. 328.
Aquamarin I. 4,1. 513; II. 1279.
Aquamarinfluß II. 1279.
Aquamarin, orientalischer I. 2. 1750.
Araeoxen I. 4,1. 661. 668.
Aragonit I. 3,1. 2959. 3109.
Aragonit coralloïde I. 3,1. 3012.
Aragonitsinter I. 3,1. 2999. 3018.
Aragotit I. 4,2. 1340. 1368.
Arakawait I. 4,2. 862. 893.
Aramayoit E. 33.
Arandisit E. 36.
Arcanit I. 3,2. 3692.
Arcanum duplicum I. 3,2. 3692
Arcticit II. 1555.
Ardealit E. 37.
Ardennit II. 443.
Arduinit E. 39.
Arendalit II. 220.
Arenilla I. 2. 2580.
Arequipit I. 4,2. 768. 840.
Arfvedsonit II. 1249.
Argentin I. 3,1. 2895.
Argentit I. 1. 435. 437.
Argentoalgodonit E. 40.
Argentobismutit I. 1. 991.
Argentodomeykit E. 40.
Argentojarosit I. 3,2. 4179. 4204.
Argentopercylith I. 2. 2648.
Argentopyrit I. 1. 968.
Argento rosso I. 1. 1056.
Argile II. 848.
Argyrit I. 1. 437.
Argyritis I. 2. 1937.
Argyroceratit I. 2. 2283.
Argyrodit I. 1. 1193.
Argyropyrit I. 1. 968. 969. 971. 973.
Argyropyrrhotin I. 1. 968.
Argyrose I. 1. 437.
Argyrythrose I. 1. 1056.
Aricit II. 1810.
Arit I. 1. 624. 625.
Arizonit E. 40.
Arkansit I. 2. 1544. 1550. 1558.
Arksutit I. 2. 2528.
Arktizit II. 1555.
Armangit I. 4,2. 1313. 1316.
Arnimit I. 3,2. 4385. 4388.
Aromit I. 3,2. 4506.
Arquerit I. 1. 323. 324.
Arragon spar I. 3,1. 2990.
Arragonite I. 3,1 2990.
Arrojadit E. 41.
Arsen I. 1. 105.
Arsenantimon I. 1. 112.
Arsenantimonnickelglanz I. 1. 787.
Arsenantimonnickelkies I. 1. 788.
Arsenargentit I. 1. 431.
Arsenblende, gelbe = Auripigment I. 1. 361.
Arsenblüte I. 2. 1226.
Arseneisen I. 1. 865.

Arseneisensinter I. 4,2. 1021. 1067. 1092.
Arsen-Enargit I. 1. 1176. 1184.
Arsenfahlerz I. 1. 1082.
Arsenglanz, wismutischer I. 1. 110.
Arseniat, Nickel-, Cobalt-, Eisen-führendes I. 4,2. 883.
Arseniate of Nickel and Cobalt, hydrous bibasic I. 4,2. 823.
Arseniatzeolith I. 4,2. 912.
Arsenicit I. 4,2. 779.
Arsenide I. 1. 347.
Arsenige Säure I. 2. 1227.
Arsenik, weißer I. 2. 1227. I. 4,2. 779.
Arsenikalkies I. 1. 865.
Arsenikantimon I. 1. 113.
Arsenikantimonfahlerz I. 1. 1086.
Arsenikblüte I. 2. 1226. 1227. 1231; I. 4,2. 779.
Arsenikeisen. I. 1. 867.
Arsenikfahlerz I. 1. 1086.
Arsenikglanz I. 1. 110.
Arsenikglas I. 2. 1229.
Arsenikkalk I. 2. 1227.
Arsenikkies I. 1. 836.
Arsenikkies, axotomer I. 1. 866.
Arsenikkobalt I. 1. 800. 876.
Arsenikkobalt, Einfach- I. 1. 877.
Arsenikkobaltkies I. 1. 880.
Arsenikkupfer I. 1. 421.
Arsenikmehl I. 2. 1227.
Arseniknickel I. 1. 616. 800. 878.
Arseniknickelglanz I. 1. 781.
Arsenikon I. 1. 351.
Arseniksäure I. 2. 1227.
Arseniksilber I. 1. 430.
Arseniksinter I. 4,2. 1293.
Arsenikspießglanz I. 1. 113.
Arsenikstein I. 1. 835.
Arsenikwismut I. 1. 110; I. 3,1. 3403; II. 45.
Arsenioardennit E. 41.
Arseniopleit I. 4,2. 1125. 1142.
Arseniosiderit I. 4,2. 953. 1125. 1137.
Arsenit I. 2. 1226.
Arsenkies I. 1. 833.
Arsenkobalt I. 1. 876.
Arsenkobalteisen I. 1. 875.
Arsenkobaltkies I. 1. 880.
Arsenkupfer I. 1. 419.
Arsenkupfers, Gruppe des I. 1. 419.
Arsenmangan I. 1. 549.
Arsenmiargyrit I. 1. 987. 989.
Arsennickel I. 1. 615.
Arsennickeleisen I. 1. 879.
Arsennickelglanz I. 1. 779.
Arsenobismit I. 4,2. 1159. 1162; E. 42.
Arsenoferrit E. 42.
Arsenoklasit E. 43.
Arsenokrokit I. 4,2. 1138.
Arsenolamprit I. 1. 110.
Arsenolith I. 2. 1226. 1227.
Arsenomarkasit E. 45.
Arsenomelan I. 1. 1001. 1002.
Arsenomiargyrit E. 45.
Arsenopyrit I. 1. 833.
Arsenosiderit I. 1. 867; I. 4,2. 1138.
Arsenotellurit I. 1. 1200.
Arsenphyllit I. 2. 1231.
Arsenpolybasit I. 1. 1167. 1168.
Arsenrotgiltigerz I. 1. 1056.
Arsensilber I. 1. 430.
Arsensilberblende I. 1. 1069. 1056.
Arsenstibit I. 1. 1257.
Arsensulfurit E. 45.
Arsentrioxyd I. 1. 1226. 1231.
Arsen- und Antimontrioxyds, Gruppe des I. 2. 1226.
Arsentrioxyd-Schwefeltrioxyd I. 2. 1230.
Arsenwismutkupfererz I. 1. 1185.
Artinit I. 3,1. 3470. 3511.
Arzrunit I. 3,2 4385. 4394.
Asbeferrit II. 1197. 1222.
Asbest II. 1194.
Asbest (schillernder) II. 767.
Asbestin II. 992.
Asbestoid II. 1194.
Asbolan I. 3,1. 3598. 3608.
Ascharit I. 4,1. 130. 141.
Aschirit II. 455.
Ashcroftin E. 45.
Ashtonit E. 46.
Asiderit I. 1. 161.
Asmanit I. 2. 1458.
Asparagolith I. 4,1. 514.
Asparagus stone I. 4,1. 514.
Aspasiolith II. 933.
Asperolith II. 461. 465.
Asphaltit I. 4,2. 1428.
Aspidelith II. 1616.
Aspidolith II. 548. 558. 560.
Asteria I. 2. 1747. 1750.
Asteroit II. 1080.
Astochit II. 1197. 1224.
Astrachanit I. 3,2. 4464.
Astrakanit I. 3,2. 4461.
Astrapialith I. 2. 1350.
Astrites II. 522.
Astrolith E. 46.
Astrophyllit II. 953.
Atacamit I. 2. 2572. 2576.
Atalesit I. 4,2. 1161.
Ataxit I. 1. 161.
Atelin I. 2. 2599.
Atelina I. 2. 2599.
Atelestit I. 4,2. 1159.
Atelit I. 2. 2599.
Atheriastit II. 1156. 1568.
Atheristit II. 1556.
Atlaserz I. 3,1. 3362.
Atlasgips I. 3,2. 4284.
Atlasspat I. 3,1. 3013.
Atopit I. 4,1. 391. 392; I. 4,2. 1164. 1324.
Atramentstein I. 1. 722.
Atramentstein, gelber I. 3,2. 4417.

Atramentum aut caerulum I. 3,2. 4361. 4380.
Atramentum aut candidum I. 3,2. 4350. 4361. 4380.
Atramentum aut pallidum I. 3,2. 4361. 4380.
Atramentum aut viride I. 3,2. 4361. 4380.
Atramentum sutorium I. 3,2. 4361. 4380.
Auerbachit I. 2. 1652.
Auerlith I. 2. 1677.
Augelith I. 4,2. 1112.
Augit II. 1016. 1031.
Augitgruppe II. 958. 960.
Auralit II. 934.
Aurichalcit I. 3,1. 3351. 3394.
Aurichalcum I. 3,1. 3396.
Auripigment I. 1. 359. 351.
Aurobismutinit E. 47.
Aurotellurit I. 1. 885.
Aurum graphicum I. 1. 884. 893.
Aurum paradoxum I. 1. 102.
Automolit I. 4,2. 27. 28.
Autunit I. 4,2. 972. 1091. 1092.
Auxit E. 47.
Avait I. 1. 138.
Avalit II. 644.
Avanturin I. 2. 1341.
Aventurin I. 2. 1351.
Aventurin (Feldspat) II. 1357. 1354.
Aventuringlas I. 1. 217.
Avogadroit E. 47.
Awaruit I. 1. 168.
Axinit II. 487.
Axotomes Eisenerz I. 2. 1857.
Azorit I. 2. 1658.
Azor-Pyrrhit I. 4,1. 396.
Azufre I. 1. 73.
Azurit I. 3,1. 3351. 3362. 3369.
Azurmalachit E. 49.
Azzurite I. 3,1. 3391.

Bababudanit E. 49.
Babelquarz I. 2. 1351.
Babingtonit II. 1167.
Babylonquarz I. 2. 1351.
Bacheis I. 2. 1221.
Baddeleyit I. 2. 1623.
Badenit I. 1. 877.
Bäckströmit E. 50.
Baeumlerit I. 2. 2379.
Bärggrönt I. 3,1. 3362.
Bagrationit II. 261. 268.
Baierin I. 4,1. 443.
Baierine I. 4,1. 444.
Baikalit II. 1031.
Baikarit I. 4,2. 1366.
Baikerinit I. 4,2. 1366.
Baisaltz I. 2. 2149.
Bakerit I. 4,2. 1363.
Balas rubin I. 4,1. 7.
Baldaufit I. 4,2. 768. 830.
Baldisserit I. 3,1. 3127.
Balduins Phosphor I. 3,1. 2732.
Balkeneisen I. 1. 156.
Ballesterosit I. 1. 748.
Baltimorit II. 766. 785.
Balvraidit II. 799.
Bamlit II. 144.
Banco I. 3,1. 2699.
Bandachat I. 2. 1472. 1478.
Bandeisen I. 1. 156.
Banderz I. 1. 124; I. 3,1. 3063.
Bandjaspis I. 2. 1476.
Barabas I. 4,1. 152.
Baralit II. 738.
Barbierit E. 51.
Barcenit I. 4,2. 768. 841.
Bardiglionit I. 3,2. 3766.
Bardolit E. 51.
Bariohitchcockit E. 52.
Bariumautunit I. 4,2. 977.
γ-Bariumcarbonat I. 3,1. 3036.
Bariumhamlinit I. 4,2. 1126. 1148.
Bariumheulandit E. 52.
Bariumjodat I. 3,1. 2746.
Bariumnitrat I. 3,1. 2735.
Bariumparasit I. 3,1. 3443.
Bariumphlogopit E. 52.
Bariumphosphat-Favas I. 4,2. 1151.
Barkevikit II. 1256.
Barklyit I. 2. 1768. 1769.
Barley-corn I. 3,1. 2798.
Barnhardtit I. 1. 956.
Barracanit I. 1. 917.
Barrandit I. 4,2. 1274. 1303.
Barro I. 1. 23.
Barroisit E. 52.
Barrowit I. 2. 1758.
Barsowit II. 1548.
Barthit I. 4,2. 1194.
Bartholomit I. 3,2. 4521.
Barylith II. 917.
Barysilit II. 916.
Baryt I. 3,2. 3734. 3782.
Baryt, bazillaire I. 3,2. 3886.
Baryt, salpetersaurer I. 3,1. 2737.
Barytbiotit II. 548. 552.
Baryte, Cockscompe I. 3,2. 3848.
Barytes, bicalcareus carbonate of I. 3,1. 3103.
Barytfeldspat II. 1428.
Barytglimmer II. 532. 622.
Baryt-Harmotom II. 1794.
Barytit I. 3,2. 3823.
Baryt-Kreuzstein II. 1794.
Barytocalcit I. 3,1. 2959. 3105.
Barytocölestin I. 3,2. 3845.
Barytophyllit II. 669.
Barytorthoklas E. 53.
Barytpisolith I. 3,2. 3881. 3887.
Barytplagioklas II. 1428.
Barytsalpeter I. 3,1. 2677. 2735.
Barytsandstein. I. 3,2. 3797.
Barytstrontianit. I. 3,1. 3033.

Bariumfluorid I. 2. 2487.
Basalteisenstein I. 2. 2016. 2031.
Basaltjaspis I. 2. 1477.
Basanit I. 2. 1475.
Basanomelan I. 2. 1821. 1860.
Basicérine I. 3,1. 3415.
Basilit I. 4,2. 1166. 1193.
Basitomglanz I. 1. 1045.
Basobismutite I. 3,1. 3351. 3408.
Bassanit I. 3,2. 3780.
Bassetit I. 4,2. 972. 983.
Bastit II. 970.
Bastnäsit I. 3,1. 3411.
Bastonit II. 548. 565.
Batavit E. 53.
Batchelorit E. 53.
Bathvillit I. 4,2. 1397. 1420.
Batrachit II. 8.
Baudisserit I. 3,1. 3127. 3517.
Bauerit E. 54.
Baulit II. 1397.
Baumhauerit I. 1. 1145.
Baumstein I. 2. 1473
Baurach I. 4,1. 152.
Bauracia I. 4,1. 152.
Baurak I. 4,1. 152.
Bauxit I. 2. 1953.
Bavalit II. 737.
Bavenit E. 54.
Bayat E. 57.
Bayerit E. 57.
Bayldonit I. 4,2. 862. 878.
Bazzit E. 57.
Beaumontit II. 1758.
Beauxit I. 1. 1953.
Beaverit I. 3,2. 4535. 4542.
Beccarit I. 2. 1632. 1655.
Bechilith I. 4,1. 165.
Beckerit I. 4,2. 1397. 1398.
Beckit I. 2. 1476.
Becquerelit E. 57.
Beegerit I. 1. 1166.
Beekit I. 2. 1476.
Befanamit E. 60.
Beffanit II. 1537. 1542.
Beidellit E. 60.
Beilstein II. 1198. 830.
Beinbruchstein I. 3,1. 2824.
Beldongrit I. 3,1. 3598. 3610. 3631.
Belgit E. 62.
Bellit E. 62.
Bell-metal-ore I. 1. 1188.
Belmontit E. 63.
Belonesit I. 2. 2356.
Belonit I. 1. 1138; I. 2. 2356.
Belonosit I. 3,2. 4031. 4096.
Bementit II. 469.
Benitoit E. 63.
Benjaminit E. 66.
Bentonit E. 67.
Beraunit I. 4,2. 897. 898. 1091.
Berengelit I. 4,2. 1428. 1437.
Beresovit I. 3,2. 4257.
Bergamaskit II. 1217.
Bergblau I. 3,1. 3391; I. 4,2. 1129.
Bergbutter I. 3,2. 4351. 4407. 4510; I. 4,2. 745.
Bergeier I. 1. 722; I. 2. 1366.
Bergflachs II. 1194.
Bergfleisch II. 1194.
Berggold I. 1. 240.
Berggrün I. 3,1. 3362.
Berghaar II. 1194.
Berghaut II. 1194.
Bergholz II. 766. 1195. 1260.
Bergkork II. 766. 1194.
Bergkristall I. 2. 1325.
Bergkristall, geschmolzener I. 2. 1316.
Berglasur I. 3,1. 3391.
Bergleder II. 766. 1194.
Bergmannit II. 1693. 863. 1555.
Bergmehl I. 2. 1507; I. 3,1. 2824.
Bergmilch I. 2. 1507; I. 3,1. 2824. 2895. 2972.
Bergpapier II. 1194.
Bergsalmiak I. 2. 2256.
Bergsaltz I. 2. 2149.
Bergschwaden I. 2. 1227.
Bergseife II. 848.
Bergtalg I. 3,2. 4351.
Bergteer I. 4,2. 1364.
Bergunschlitt I. 3,2. 4351.
Bergwolle II. 1194.
Bergzinn I. 2. 1684.
Bergzinnober I. 1. 671.
Bergzunder I. 1. 1027.
Berkeyit E. 67.
Berlauit II. 733.
Berlinerblau, natürliches I. 4,2. 1129.
Berlinit I. 4,2. 1274. 1297.
Bernerde I. 4,2. 1405.
Bernonit I. 2. 2095.
Bernsteen I. 4,2. 1383.
Bernstein I. 4,2. 1375.
Bernstein, birmanischer I. 4,2. 1402.
Bernstein, istrischer I. 4,2. 1425.
Bernstein, kanadischer I. 4,2. 1404.
Bernstein, rumänischer I. 4,2. 1392.
Bernstein, rumänischer gebrannter I. 4,2. 1396.
Bernstein, schweizer I. 4,2. 1401.
Bernstein, sizilianischer I. 4,2. 1395.
Bernstein, spröder I. 4,2. 1397.
Bernstein, unreifer I. 4,2. 1400.
Bernsteinerde I. 1. 820.
Bernsten I. 4,2. 1383.
Berthierin II. 737.
Berthierit I. 1. 1013.
Berthonit E. 67.
Bertrandit II. 409.
Beryll II. 1271.
Beryllium-Leucit II. 1310. 1292.
Berylliumvesuvian E. 67.
Beryllonit I. 4,1. 220.

Berzelianit I. 1. 543.
Berzeliit I. 4,1. 206. 210; I. 4,2. 780; II. 1594.
Berzelin I. 1. 543; II. 904.
Berzelit I. 2. 2625; I. 4,1. 210.
Betafit E. 68.
Beudanit I. 3,2. 4180.
Beudantin I. 4,2. 728.
Beudantina I. 4,2. 728.
Beudantit I. 4,2. 721. 724. 732. 1116.
Beyrichit I. 1. 606. 608. 610. 612.
Bialit E. 72.
Bianchetto I. 2. 1520.
Bianchit E. 72.
Bicalcareo-Carbonate of Barytes I. 3,1. 3103.
Bicarbonat des Kali I. 3,1. 2753.
Bicarbonate of ammonia I. 3,1. 2749.
Bicarbonate of Potash I. 3,1. 2752.
Bieberit I. 3,2. 4357. 4367.
Bieirosit I. 4,2. 728. 732.
Biharit II. 832.
Bildstein II. 818.
Bilinit I. 3,2. 4502. 4513.
Bimsteinerz I. 1. 758.
Binarit E. 74.
Binarkies I. 1. 818. E. 74.
Bindheimit I. 4,2. 768. 831.
Binnit I. 1. 1099. 1001. 1082.
Biotin II. 1537.
Biotit II. 522. 539.
Birmit I. 4,2. 1397. 1401.
Bisbeeit E. 74.
Bischofit I. 2. 2357. 2359; I. 4,2. 1156.
Bismit I. 2. 1246.
Bismoclit E. 74.
Bismuth, Carbonate of I. 3,1. 3405.
Bismuthaurit I. 1. 320.
Bismuthin I. 1. 393.
Bismuthinit I. 1. 394.
Bismuth-Skutterudit I. 1. 882.
Bismuthum I. 1. 123.
Bismutit I. 1. 394; I. 3,1. 3351. 3404.
Bismutolamprit I. 1. 394.
Bismutoplagionit E. 75.
Bismutosmaltin I. 1. 882.
Bismutosphärit I. 3,1. 3351. 3403.
Bismutotantalit E. 76.
Bitterkalk I. 3,1. 3299.
Bittersalz I. 3,2. 4335.
Bittersalzerde I. 3,1. 3298.
Bitterspat I. 3,1. 3298.
Bitterstein II. 1198.
Bitume élastique I. 4,2. 1369.
Bitumen elastic I. 4,2. 1369.
Bityit E. 78.
Bixbyit I. 3,1. 3540. 3561.
Bjelkit I. 1. 1033. 1034.
Blackband I. 3,1. 3161. 3184.
Black Jack I. 2. 1874.
Blackmorit I. 2. 1531.
Blätterblende I. 1. 558.
Blättererz I. 1. 884. 899.
Blättertellur I. 1. 884. 899.
Blätterzeolith II. 1752.
Blakeit I. 3,2. 4401.
Blanfordit E. 79.
Blatterine I. 1. 901.
Blaubleierz I. 1. 471. 477.
Blaueisenstein II. 1265.
Blauerde I. 4.2. 1242.
Blauerz 1. 2. 2015. 2049; I. 3,1. 3161. 3617.
Blauquarz I. 2. 1370.
Blauspat I. 4,2. 1130.
Blegi-oolith I. 2. 2052.
Blei I. 1. 332.
Blei, arsensaures 1. 4,1. 598.
Blei, phosphorsaures I. 4,1. 580.
Blei, scheelsaures I. 3,2. 4092.
Blei, schwefelkohlensaures I. 3,2. 4250.
Blei, schwefelkohlensaures kupferhaltiges I. 3,2. 4255.
Blei, schwefelkohlensaures prismatisches I. 3,2. 4227.
Blei, schwefelsaures geschwefeltes I. 3,2. 3980.
Blei, vanadinsaures I. 4,1. 612.
Bleialuminat I. 4,2. 1155.
Bleiantimonglanz I. 1. 979. 1005.
Bleiantimonit I. 1. 1025.
Bleiarsenglanz I. 1. 979. 1002.
Bleiarsenit I. 1. 1002. 1025. 1037.
Bleiautunit I. 4,2. 977.
Bleibaryt, axotomer I. 3,2. 4250.
Bleibaryt, diplogener I. 3,2. 4207.
Bleibaryt, hemiprismatischer I. 3,2. 4025.
Bleibaryt, paratomer I. 3,2. 4255.
Bleibaryt, prismatischer I. 3,2. 3980.
Bleibaryt, prismatoidischer I. 3,2. 4228.
Bleibaryt, rhomboedrischer I. 4,1. 579.
Bleibismutit I. 1. 1025.
Bleiblüte I. 4,1. 598.
Bleibromid I. 2. 2351.
Bleicarbonat I. 3,1. 3045.
Bleichlorid I. 2. 2346.
Bleichromat I. 3,2. 4012.
Bleierde I. 2. 1934; I. 3,1. 3051, 3063.
Bleierz (Graphit) I. 1. 51.
Bleierz, salzsaures I. 3,1. 3456.
Bleifahlerz I. 1. 1126.
Bleigelb I. 2. 1934.
Bleiglätte I. 2. 1934. 1935.
Bleiglanz I. 1. 460. 466.
Bleiglanz, schillernder I. 1. 477.
Bleiglanzgruppe I. 1. 460.
Bleiglas I. 3,2. 3969. 3979. 4002.
Bleiglimmer I. 3,1. 3051.
Bleigummi I. 4,2. 1156.
Bleihaloide, Gruppe der I. 2. 2346.
Bleihornerz I. 3,1. 3457.
Bleihydroxocarbonat I. 3,1. 3392.
Bleihydroxybromid I. 2. 2636.
Bleihydroxychlorid I. 2. 2636.

Bleihydroxyjodid I. 2. 2636.
Bleijodid I. 2. 2351.
Bleikerat I. 3,1. 3457.
Bleilasur I. 3,2. 4207.
Bleimalachit I. 3,1. 3402.
Bleimuriocarbonat I. 3,1. 3458.
Bleiniere I. 4,2. 833.
Bleinierit I. 4,2. 833.
Bleinitrat I. 3,1. 2739.
Bleiocker I. 2. 1935.
Bleioxychloride, Gruppe der I. 2. 2622.
Bleioxychlorojodür I. 2. 2629.
Bleioxyd I. 2. 1934. 1935.
Bleioxyds, Gruppe des Quecksilber- und I. 2. 1930.
Bleioxyd, antimonsaures I. 4,2. 834.
Bleioxyd, selenichtsaures I. 3,1. 3537.
Bleioxysulfat I. 3,2. 3999.
Bleisalpeter I. 3,1. 2739.
Bleisanderz = Knotenerz I. 1. 471.
Bleischeelat I. 3,2. 4092.
Bleischimmer I. 1. 1029; I. 4,2. 834.
Bleischweif I. 1. 466.
Bleiselenat I. 3,2. 4007.
Bleisilberantimonat I. 4,2. 843.
Bleisilberantimonit I. 1. 1025. 1050.
Bleisilberwismuterz I. 1. 1036.
Bleisilicoantimonat I. 4,2. 840.
Bleispat, grüner I. 4,1. 579.
Bleispat, kärntnerischer I. 3,2. 4048.
Bleisulfat I. 3,2. 3979.
Bleisulfat-Kaliumsulfat I. 3,2. 3730.
Bleisulfocarbonat I. 3,2. 4001. 4228.
Bleisulfotricarbonat I. 3,2. 4250.
Bleisuperoxyd I. 2. 1717.
Bleivitriol I. 3,2. 3980.
Bleiweiß I. 3,1. 3059.
Bleiwismutglanz I. 1. 979. 1011.
Bleiwismutsulfosalze. I. 1. 978.
Blei-Zink-Chromat I. 3,2. 4012.
Blende I. 1. 550.
Bleu de montagne I. 3,1. 3391.
Bleu di monti I. 3,1. 3391.
Bleyerz, arsenikalisches I. 4,1. 598.
Bliabergit E. 79.
Blitzröhre I. 2. 1350.
Blitzsinter I. 2. 1350.
Blockit E. 79.
Blodsten I. 2. 1836.
Blödit I. 3,2. 3661. 4461.
Bloedit 1. 3,2. 4448. 4461.
Blomstrandin E. 80.
Blue-John I. 2. 2470.
Blueit I. 1. 765.
Blumenbachit I. 1. 547. 548.
Blumit I. 4,2. 834.
Blut der Krähen I. 3,1. 3590.
Blut der Taube I. 3,1. 3589. 3590.
Bluterz I. 2. 1812.
Blutstein I. 2. 1793.
Bly I. 1. 333.
Blyspat, grün I. 4,1. 579.
Blythit E. 84.
Bobierrit I. 4,2. 1235. 1268.
Bobrowkit E. 84.
Bodenbenderit E. 85.
Bodeneis I. 2. 1221.
Bodenit II. 26I. 264.
Bodensalz I. 2. 2149.
Bodenzeolith E. 86.
Böhmit E. 86.
Bog Butter I. 4,2. 1444.
BogheadkohB I. 4,2. 1444.
Bohnerz I. 2. 2011. 2017. 2023.
Bohrkopfkies I. 1. 845.
Boisalz I. 2. 2149.
Boksputit E. 87.
Bol II. 1828.
Boleït I. 2. 2622. 2645. 2646.
Bolivarit E. 87.
Bolivian I. 1. 975.
Bolivianit E. 88.
Bolivit I. 1. 397.
Bologner Phosphor I. 3,2. 3823.
Bolopherit II. 1036.
Bolophorit II. 1036.
Bol-Steatit II. 1665.
Boltonit II. 5.
Bolus II. 1828.
Bombiccit I. 4,2. 1360. 1438. 1439.
Bonamit I. 3,1. 3228. 3241.
Bonanzas I. 1. 240.
Boninit II. 990.
Bonsdorffit II. 934.
Boothit I. 3,2. 4357. 4369.
Boracit I. 4,1. 104.
Boracit, dichter I. 4,1. 125.
Borak I. 4,1. 152.
Borate de chaux I. 4,1. 165.
Borax I. 4,1. 130. 143.
Borax, oktaëdrischer I. 4,1. 149.
Boraxkalk I. 4,1. 159.
Boraxsäure I. 2. 1942.
Bordit II. 1746.
Bordosit I. 1. 323. 325; I. 2. 2294.
Borgströmit I. 3,2. 4432.
Borickyt I. 4,2. 924.
Bornin I. 1. 402.
Bornit I. 1. 403. 903. 904.
Borocalcit I. 4,1. 130. 165. 186.
Boromagnesit I. 4,1. 88. 96.
Boronatrocalcit I. 4,1. 130. 156.
Borsäure I. 2. 1940.
Bort. I. 1. 4.
Boryslawit I. 4,2. 1362.
Bosjemanit I. 3,2. 4508.
Bosphorit E. 88.
Botallackit I. 2. 2590.
Botesit E. 88.
Botryogen I. 3,2. 4526. 4530.
Botryolith II. 170.
Botryt I. 3,2. 4513.
Bouglisit E. 88.
Boulangerit I. 1. 1040.

Bourgeoisit II. 1013.
Bournonit I. 1. 1123. 1125; II. 143.
Bournonitnickelglanz I. 1. 783. 792. 1127.
Boussingaultit I. 3,2. 4475.
Bowenit II. 767. 787.
Bowlingit II. 808.
Bowmanit I. 4,2. 1147.
Brackebuschit I. 4,1. 661. 670.
Braganza I. 1. 25.
Braggit E. 88.
Bragit I. 4,1. 280.
Branchit I, 4,2. 1360.
Branden I. 1. 806.
Branderz I. 1. 681.
Brandisit II. 662.
Brandörke I. 2. 2015.
Brandtit I. 4,2. 1201. 1213.
Brannerit I. 3,2. 4153. 4177.
Braunbleierz I. 4,1. 579. 612.
Braunbleioxyd I. 2. 1717.
Brauneisenerz I. 2. 2008. 2011.
Brauneisenocker I. 2. 2012.
Brauneisenrahm I. 2. 1794.
Brauneisenstein I. 2. 2011.
Braunerz I. 1. 588 560; I. 2. 2012. 2015. 2049; I. 3,1. 3161.
Braunharz I. 4,2. 1398.
Braunin I. 1. 158.
Braunit I. 3,1. 3540.
Braunkohle I. 1. 68.
Braunkohle, gelbe I. 4,2. 1373.
Braunkupfererz I. 1. 904; I. 2. 1903.
Braunmangan I. 2. 1980.
Braunmanganerz I. 2. 1977. 1980.
Braunmenakerz II. 1615.
Braunschweigergrün I. 2. 2592.
Braunspat I. 3,1. 3299.
Braunstein I. 2. 1726; I. 3,1. 3600. 3607.
Braunstein, arenzar I. 3,1. 3607.
Braunstein. azur I. 3,1. 3607.
Braunstein, roter I. 3,1. 3203; II. 1155.
Braunsteinblende I. 1. 547.
Braunsteinerz, granatförmiges II. 67.
Braunsteinerz, luftsaures I. 3,1. 3203.
Braunsteinkies I. 1. 547.
Bravaisit II. 847.
Bravoit E. 89.
Brazilit I. 2. 1623. 1625; E. 91.
Brèche silicifère I. 3,2. 4184.
Bredbergit II. 82. 88.
Breislakit II. 1197
Breithauptin I. 1. 625.
Breithauptit I. 1. 624. 661.
Breunnerit I. 3,1. 3112.
Brevicit II. 1692.
Brevigit II. 1692.
Brewsterit II. 1767.
Brewsterlinit II. 111.
Brillant I. 1. 15.
Briolett I. 1. 15.
Britholit E. 91.
Brithynspat II. 1711.
Brocchit II. 371.
Brochantit I. 3,2. 4210.
Brockenerz I. 2. 2023.
Bröggerit I. 3,2. 4153. 4172.
Bromammon I. 2. 2272.
Bromargyrit I. 2. 2298. 2302.
Brom-Atacamit I. 2. 2594.
Brom-Bischofit I. 2. 2361.
Bromblei I. 2. 2351.
Brom-Carnallit I. 2. 2374.
Bromchlorsilber I. 2. 1302.
Bromellit E. 93.
Bromide I. 2. 2099.
Bromit I. 2. 2283. 2298. 2302.
Bromjodsilber I. 2. 2303.
Brom-Laurionit I. 2. 2636.
Bromlit I. 3,1. 3103.
Bromsilber I. 2. 2286. 2298. 2302.
Bromspat I. 2. 2302.
Brom-Tachyhydrit I. 2. 2376.
Bromyrit I. 2. 2298. 2302.
Bromzink I. 2. 2346.
Bronce I. 1. 762.
Bronce añilado I. 1. 664.
Bronce blanco I. 1. 885.
Bronce de cobre I. 1. 949.
Brongniartin I. 3,2. 3716. 4219.
Brongniartit I. 1. 1050. 1196.
Bronzit II. 960. 966.
Brookit I. 2. 1544. 1549.
Brossit I. 3,1. 3299.
Brostenit I. 3,1. 3598.
Brucit I. 2. 2077. 2080; II. 370. 389.
Brucitgruppe I. 2. 2077.
Brucit-Ringe II. 1733.
Brücknellerit I. 4,2. 1444. 1445.
Brüherz I. 2. 1904.
Brünnichit E. 95.
Brugnatellit I. 3,1. 3470. 3523.
Brugnatellit, Chrom- I. 3,1. 3525.
Bruiachit I. 2. 2473.
Brunnensalz I. 2. 2149.
Brunnerit I. 3,1. 2896.
Brunsten, derb I. 3,1. 3607. 3626.
Brunsvigit E. 95.
Brushit I. 4,2. 767. 774. 785.
Brythinsalz, anhydrisches I. 3,2. 3716.
Brythinsalz, hemiprismatisches I. 3,2. 3716.
Brythinsalz, prismatisches I. 3,2. 3716.
Brythinus anhydricus I. 3,2. 3716.
Bucaramangit I. 4,2. 1397. 1408.
Bucholzit II. 143.
Bucklandit II. 220. 245. 260. 262.
Bütschliit E. 99.
Buhrstone I. 2. 1346. 1438.
Bultfonteinit E. 95.
Bunsenin I. 1. 897. 885.
Bunsenit I. 1. 885; I. 2. 1891.
Buntbleierz I. 4,1. 580. 598.
Buntkupfererz I. 1. 903. 904.

Buntkupferkies I. 1. 905.
Buratite I. 3,1. 3396.
Burkeit E. 98.
Burmit I. 4,2. 1402.
Burstone I. 2. 1438.
Bustamentit I. 2. 2352. 2630.
Bustamit II. 1153. 1156.
Bustit I. 1. 161; II. 994. 1093.
Buszit E. 98.
Butlerit I. 3,2. 4430.
Butterfly-Zwillinge I. 3,1. 2928.
Buttermilcherz I. 2. 2289.
Buttermilchsilber I. 2. 2283. 2289.
Buttgenbachit E. 99.
Buttyrellit I. 4,2. 1444.
Butyrit I. 4,2. 1441. 1444.
Byon I. 2. 1765.
Byssolith II. 1194.
Bytownit II. 1428. 1431. 1506. 1517. 1524. 1542. 1543.
Bytownorthit E. 99.

Cabook I. 2. 1959.
Cabrerit I. 4,2. 1235. 1265.
Cacheutait I. 1. 456. 459.
Cachi I. 2. 2220.
Cachi pesado I. 3,2. 3883.
Cacholong I. 2. 1506.
Cacoclasit II. 1582.
Cacona de mica I. 4,2. 945.
Cadmia I. 1. 557.
Cadmiumblende I. 1. 601.
Cadmiumhausmannit I. 3,1. 3569.
Cadmiumhydroxyd I. 2. 2085.
Cadmiumjodid I. 2. 2346.
Cadmiumoxyd I. 2. 1892.
Cadmiumzinkspat I. 3,1. 3228.
Caerulum I. 3,1. 3391.
Caerulum montanum I. 3,1. 3391.
Caesiumberyll E. 107.
Cäsiumbiotit E. 107.
Cäsiumfluorid I. 2. 2488.
Cäsiumhexafluorosilicat I. 2. 2563.
Cahnit I. 4,2. 1022. 1082.
Cairngorm I. 2. 1325. 1414.
Calaem. I. 1. 557.
Calafatit I. 3,2. 4520. 4525; E. 99.
Calamin I. 3,1. 3227; II. 1316. 1317.
Calamine, earthy I. 3,1. 3353.
Calmine, verdâtre I. 3,1. 3396.
Calamit I. 3,1. 3540.
Calamit = Kalamit II. 1193.
Calaverit I. 1. 885. 886.
Calcareobaryt I. 3,2. 3824.
Calcareus aluminaris albus I. 3,2. 4183.
Calcareus lapis I. 3,1. 2895.
Calcédoine I. 2. 1467.
Calcedonit I. 2. 1468.
Calciclase E. 100.
Calcinitre I. 3,1. 2734.
Calcioankylit I. 3,1. 3534.
Calciobiotit E. 100.
Calciocancrinit E. 100
Calciocarnotit E. 100.
Calciodialogit E. 100.
Calcioferrit I. 4,2. 898. 924. 959.
Calciopalygorskit E. 100.
Calciorhodochrosit E. 100.
Calciosamarskit E. 100.
Calcioscheelit E. 101.
Calciostrontianit I. 3,1. 2958. 3022.
Calciotantalit E. 101.
Calciothomsonit E. 101.
Calciothorit I. 2. 1676.
Calciovolborthit I. 4,1. 678.
Calcit I. 3,1. 2796. 2809.
Calcitachat I. 3,1. 2900.
Calcium-aluminic phosphate, hydrated I. 4,2. 1139.
Calcium-Bariumcarbonat I. 3,1. 3105.
Calciumcarbonat, gallertartiges I. 3,1. 2884.
Calciumcarbonat, rhombische Modifikation I. 3,1. 2959.
Calciumcarbonat, rhomboedrische Modifikation I. 3,1. 2809.
Calciumchlorid I. 2. 2378.
Calciumchloridhydrat I. 2. 2380.
Calcium-Cobalt-Magnesiumarsenat-Dihydrat I. 4,2. 1211.
Calciumcuprihydroxysulfat-Trihydrat I. 3,2. 4389.
Calciumcylit E. 101.
Calcium-Eisen-Magnesiumphosphat, wasserhaltiges I. 4,2. 1222.
Calcium-Eisenphosphattetrahydrat I. 4,2. 1220.
Calciumfluorid I. 2. 2381.
Calciumhaloide, Gruppe der Magnesium- und I. 2. 2354.
Calciumjodat I. 3,1. 2744.
Calciumjodat-Hexahydrat I. 3,1 2747.
Calciumlarsenit E. 101.
Calciumlazulith E. 101.
Calcium - Mangan - Eisenphosphat - Dihydrat I. 4,2. 1209.
Calcium-Manganarsenat-Dihydrat I. 4,2. 1213.
Calciumnatriumcarbonat-Pentahydrat I. 3,1. 2790.
Calciumnatriumsulfat I. 3,2. 3702.
Calciumnitrat I. 3,1. 2732.
Calciumphosphat, wasserhaltiges I. 4,2. 1206.
Calciumpsilomelan I. 3,1. 3622.
Calcozincit I. 2. 1986.
Caldasit E. 102.
Calderit II. 82.
Caledonit I, 3,2. 4253.
Caliche I. 3,1. 2677. 2697. 2705.
Caliche achaucacado I. 3,1. 2702.
Caliche azufrado I. 3,1. 2698; I. 3,2. 3663.

Caliche blanco I. 3,1. 2702.
Caliche macizo I. 3,1. 2699.
Caliche macizo azufrado I. 3,1. 2702.
Caliche macizo blanco I. 3,1. 2702.
Caliche macizo morago I. 3,1. 2702.
Caliche poroso I. 3,1. 2702.
Caliches de la Pampa I. 3,1. 2700.
Californit E. 102.
Calk I. 3,2. 3823.
Callaica, persianus smaragdus I. 4,2. 945.
Callaina I. 4,2. 945.
Callaïnit I. 4,2. 1274. 1305.
Callais, quod saphirum imitatur I. 4,2. 945.
Callait I. 4,2. 941.
Callochromites plumbosus I. 3,2. 4025.
Calomel I. 2. 2333.
Calstronbaryt I. 3,2. 3824. 3887.
Calvonigrit I. 3,1. 3609. 3612.
Calx I. 3,1. 2894.
Cam I. 2. 2469.
Campbellit I. 1. 190.
Campanil I. 2. 1831.
Camsellit E. 102.
Canaanit II. 1036.
Canadium E. 104.
Canbyit E. 104.
Cancrinit II. 877.
Canfieldit I. 1. 1195. 1197.
Canga I. 1. 22; I. 2. 1844. 2068.
Cannizarit E. 105.
Cantonit I. 1. 535. 663. 664.
Canutillo I. 1. 1009. 1122. 1134; I. 3,1. 3083.
Caotchauc, mineralischer I. 4,2. 1396. 1405.
Capels I. 2. 1697.
Capillose I. 1. 608.
Capnit I. 3,1. 3228.
Caporcianit II. 1675.
Cappelenit II. 436.
Caprubin I. 1. 35; I. 2. 1749.
Captivos I. 2. 1580. 1581.
Caracolith I. 3,2. 4238.
Carbidkohle I. 1. 191.
Carbocérine I. 3,1. 3498.
Carbonado I. 1. 4. 27.
Carbonat I. 1. 4. 27.
Carbonatapatit I. 4,1. 488; I. 4,2. 1023.
Carbonate de potasse I. 3,1. 2753.
Carbonate de soude naturel I. 3,1. 2768.
Carbonate of Cerium I. 3,1. 3499.
Carbonate of Copper, blue I. 3,1. 3391.
Carbonate of Copper, green I. 3,1. 3362.
Carbonate of Lauthanum, crystallized I. 3,1. 3499.
Carbonatmarialith E. 105.
Carbonatmejonit E. 105.
Carbonatsodalith E. 105.
Carbonites allotropus I. 3,1. 3127.
Carbonites brachytypicus I. 3,1. 3127.
Carbonites crypticus I. 3,1. 3299.
Carbonites dimerus I. 3,1. 3299.
Carbonites isometricus I. 3,1. 3299.
Carbonites tautoclinus I. 3,1. 3299.
Carbonspat, manganischer I. 3,1. 3203.
Carbonspat, zinkischer I. 3,1. 3228.
Carbonyttrine I. 3,1. 3502.
Carbunculus I. 4,1. 15.
Carintin II. 1201.
Carlosit E. 105.
Carltonin I. 1. 158.
Carmenit I, 1. 524. 534.
Carminit I. 4,1. 240. 386.
Carminspat I. 4,1. 387.
Carnallit I. 2. 2156. 2361.
Carnallitit I. 2. 2156.
Carnat II. 837.
Carnatit II. 1522.
Carne de vaca I, 1. 506.
Carnegieit E. 105.
Carneol I. 2. 1469.
Carneolonyx I. 2. 1471.
Carnotit I. 4,2. 972. 1000. 1092.
Carolathin II. 1829.
Carrollit I. 1. 957.
Cascalho I. 1. 22.
Cassinit II. 1402.
Cassiterit I. 2. 1683.
Castanit I. 3,2. 4413. 4427.
Castellit II. 1616. 1619.
Castelnaudit I. 4,1. 254.
Castillit I. 1. 401. 913.
Castor II. 1592.
Caswellit E. 107.
Catalinit E. 108.
Catarinit I. 1. 167.
Cathkinit II. 808.
Catophorit E. 108.
Cat's-eye I. 2. 1348.
Cauk I. 3,2. 3823.
Cavolinit II. 873. 856.
Cawk I. 3,2. 3845.
Cebollit E. 108.
Cedarit I. 4,2. 1397. 1403.
Celadonit II. 849.
Celedonit E. 112.
Célestite apotome I. 3,1. 3909. 3939.
Célestite dioxynite I. 3,2. 3939.
Celsian E. 109.
Cementit I. 1. 191.
Cementkohle I. 1. 191.
Centrallassit II. 1747.
Cerargyrit I. 2. 2283. 2287.
Cerasit I. 2. 2625; II. 931.
Cerauniansinter I. 2. 1350.
Cerbolit I. 3,2. 4475.
Cerer, basisch flußsaures I. 3,1. 3415.
Cererit II. 1328.
Cerfluorit E. 112.
Cergadolinit E. 112.
Cerin II. 259. 267. 1328.
Cerinit II. 1747.

Cerinstein II. 1328.
Cerit II. 1327.
Cerium, basisk flußspatssyradt. I. 3,1. 3415.
Cerium, carbonaté I. 3,1. 3499.
Cerium, carbonate of I. 3,1. 3499.
Cerium hydrofluaté I. 3,1. 3415.
Cerium, subfluate of I. 3,1. 3415.
Ceroxydul, kohlensaures I. 3,1. 3498.
Cerriche I. 3,2. 3861.
Ceruleit E. 113.
Cerulen E. 113.
Céruse I. 3,1. 3059.
Cerussa I. 3,1. 3059.
Cerussa nativa I. 3,1. 3059.
Cerussa, si coquator rufescit I. 3,1. 3589.
Cerussit I. 3,1. 2958. 3045. 3110.
Cervantit I. 2. 1251. 1253; I. 4,1. 240. 377.
Cesàrolith I. 3,1. 3598. 3632.
Ceylanit I. 4,1. 4. 7. 16. 25.
Ceylonit I. 4,1. 16.
Ceyssatit I. 2. 1510.
Chabasie II. 1772.
Chabasit II. 1769. 1772.
Chalcanthum candidum I. 3,2. 4350.
Chalcedon I. 2. 1464. 1469.
Chalcedon, kristallisierter I. 2. 1477. 1485.
Chalcedonit I. 2. 1464. 1468.
Chalcedononyx I. 2. 1471.
Chalcedon-Tierchen I. 2. 1478.
Chalchewete I. 4,2. 945.
Chalchuites I. 4,2. 945.
Chalcocit I. 1. 524.
Chalcodit II. 757.
Chalcopyrit I. 1. 922.
Chalikolith II. 1664.
Chalikomorphit II. 1749.
Chalilith II. 1664.
Chalkodith II. 757. 759.
Chalkoalumit I. 3,2. 4540.
Chalkolamprit E. 113.
Chalkolith I. 4,2. 978. 984.
Chalkomelan I. 2. 1922.
Chalkomenit I. 3,1. 3535.
Chalkomiklit I. 1. 905.
Chalkomorphit II. 1749.
Chalkophanit I. 2. 2049; I. 3,1. 3546. 3595.
Chalkophazit I. 4,2. 954.
Chalkophyllit I. 4,2. 862. 888. 1091. 1102.
Chalkopissit E. 113.
Chalkopyrit I. 1. 919.
Chalkopyrrhotin I. 1. 918.
Chalkopyrrhotit I. 1. 918.
Chalkosiderit I. 4,2. 898. 950. 1121.
Chalkosin I. 1. 522.
Chalkostibit I. 1. 993.
Chalkotrichit I. 2. 1905.
Chalmersit E. 114.
Chalybinglanz I. 1. 1025.
Chalybit I. 3,1. 3161.
Chalypit I. 1. 190.
Chamasit I. 1. 158.
Chamoisit I. 1. 158; II. 736.
Chamosit II. 736.
Chanarcillit I. 1. 431.
Chapmanit E. 114.
Charaktergold I. 1. 884.
Chassignit I. 1. 161.
Chat, oeil de I. 2. 1348.
Chatamit I. 1. 802. 809. 868.
Chaux arseniatée I. 4,2. 780.
Chaux arseniatée anhydre I. 4,1. 210.
Chaux carbonatée I. 3,1. 2897.
Chaux carbonatée aluminifère I. 3,1. 2897.
Chaux et soude sulfatées anhydres I. 3,2. 3716.
Chaux fluatée I. 2. 2420.
Chaux nitratée I. 3,1. 2733.
Chaux phosphatée I. 4,1. 514.
Chaux sulfatée anhydre I. 3,2. 3765.
Chazellit I. 1. 1014.
Cheleutit I. 1. 804. 882.
Chelmsfordit II. 1555. 1573.
Chemawinit I. 4,2. 1397. 1402.
Chenevixit I. 4,2. 898. 963.
Cherokeen I. 4,1. 580.
Chert I. 2. 1475.
Chessy copper I. 3.1. 3391.
Chessylite I. 3,1. 3391.
Chesterlith II. 1402.
Chevkinit E. 114.
Chiastolith II. 131.
Childrenit I. 4.2. 897. 933. 1091.
Chileit I. 1. 432; I. 2. 2003; I. 4,1 661. 673.
Chilenia I. 1. 432; I. 2. 2004.
Chilenit I. 1. 432.
Chilisalpeter I. 3,1. 2677.
Chillagit I. 3,2. 4031. 4095.
Chiltonit II. 484.
Chiniliga I. 1. 1198.
Chinkolobwit E. 114.
Chiolith I. 2. 2526. 2527.
Chiviatit I. 1. 976.
Chizeuilit E. 114.
Chladnit I. 1. 161; II. 968. 993.
Chloanthit I. 1. 797.
Chloralluminio I. 2. 2505.
Chloraluminit I. 2. 2505.
Chlorammonio I. 2. 2257
Chlorammonium I. 2. 2250. 2257.
Chlorargyrit I. 2. 2277. 2283. 2287.
Chlorarsenian I. 4,1. 213.
Chlorastrolith II. 486. 1666.
Chlorblei 1. 2. 2346.
Chlorbleispat I. 3,1. 3457.
Chlorbromjodsilber I. 2. 2303.
Chlorbromsilber I. 2. 2298. 2302. 2286.
Chlorcalcium I. 2. 2378.
Chloride I. 2. 2099.
Chlorit II. 678.
Chloriterde II. 678.

Chloritgruppe II. 678.
Chloritoid II. 666. 675.
Chloritspat II. 666. 669.
Chlorkalium I. 2. 2231. 2242.
Chlorkupfer, wasserhaltiges I. 2. 2599.
Chlormagnesium 1. 2. 2357.
Chlormanganokalit I. 2. 2491.
Chlormankalit E. 114.
Chlormercur I. 2. 2330. 2333.
Chlormerkurspat I. 2. 2333.
Chlornatrium I. 2. 2101. 2151.
Chlornatriumhydrat I. 2. 2231.
Chlornatriums und Chlorsilbers, Gruppe des I. 2. 2101.
Chlornatrokalit I. 2. 2205.
Chlorobromit I. 2. 2302. 2304.
Chlorocalcit I. 2. 2378.
Chlorochalcit I. 2. 2576.
Chloromagnesit I. 2. 2357.
Chloromanganokalit I. 2. 2490.
Chloromelan II. 743.
Chloromelanit II. 1176.
Chloropal I. 2. 1507; II. 1830.
Chlorophaeit II. 798.
Chlorophaenerit II. 799.
Chlorophan I. 2. 2410 2419. 2478. 2484.
Chlorophoenizit I. 4,2. 862. 896.
Chlorophyllit II. 934.
Chloropit II. 752.
Chlorosaphir I. 2. 1750. 1752.
Chlorspinell I. 4,1. 4. 7. 16.
Chlorotil I. 4,2. 1166. 1186.
Chlorothionit I. 3,2. 4237.
Chlorothorit I, 2. 1678.
Chloroxiphit E. 115.
Chlorquecksilber I. 2. 2330. 2333.
Chlorselenquecksilber I. 2. 2337.
Chlorsilber I. 2. 2277. 2283.
Chlorsilberspat I. 2. 2283.
Chlorspat I. 2. 2625.
Chlorspodiosit E. 115.
Chlorutahlit I. 4,2. 1282.
Chodneffit I. 2. 2527.
Chodnewit I. 2. 2527.
Chondrit I. 1. 161; II. 14. 995.
Chondroarsenian I. 4,1. 715.
Chondrodit II. 370. 380.
Chondrostibian I. 4,2. 1166. 1191.
Choneuticit I. 2. 2419.
Chonikrit II. 1038. 1069.
Chrismatin I. 4,2. 1366.
Christianit II. 1537. 1802.
Christobalit I. 2. 1463.
Christograhamit I. 4,2. 1431.
Christophit I. 1. 567. 582.
Chromate de plomb brun I. 4,1. 612.
Chrombleispat I. 3,2. 4025.
Chrombrugnatellit I. 3,1 3525.
Chromchlorit II. 679. 688.
Chromdiopsid II. 1037.
Chromeisenstein I. 4,1. 70.
Chromepidot E. 115.
Chromglimmer II. 560. 606. 626. 627.
Chromgranat II. 80.
Chromidokras E. 115.
Chromit I. 4,1. 70.
Chromloeweit E. 116.
Chromocyklit II. 1733.
Chromohercynit E. 116.
Chromphosphorkupferbleispat I. 3,2. 4259.
Chrompicotit I. 4,1. 68.
Chromrutil E. 116.
Chromspat, bleiischer I. 3,2. 4025.
Chromsulfid I. 1. 958.
Chromturmalin II. 353. 357.
Chromvesuvian E. 116.
Chryselectrum I. 4.2. 1383.
Chrysitin I. 2. 1935 1937.
Chrysitis I. 2. 1937.
Chrysoberyll I. 4,1. 75. 83.
Chrysokolla I. 3,1. 3362; II. 460.
Chrysolampis I. 2. 2408.
Chrysolith II. 8.
Chrysolith, orientalischer I. 2. 1750.
Chrysolith von Jumilla I. 4,1. 513.
Chrysomelan I. 4,1. 24. 25.
Chrysophan II. 665.
Chrysopras I. 2. 1470. 1479.
Chrysopraserde I. 2. 1482; II. 760.
Chrysotil II. 767. 774.
Chubutit E. 117.
Chuca I. 3,1. 2698.
Chumbe I. 1. 587.
Churchit I. 4,2. 1274. 1304.
Chusit II. 21.
Chuska I. 3,1. 2698.
Cianocroma I. 3,2. 4476.
Ciempozuelit I. 3,2. 3716.
Cimolia II. 1828.
Cimolit II. 1828. 1044. 1054.
Cinabre I. 1. 671.
Cinabrio subido I. 4,2. 842.
Cinnabar I. 1. 671.
Cinnabarit I. 1. 665. 671.
Ciplyit I. 4,2. 1035.
Cipollin I. 3,1. 2896.
Circonius I. 2. 1637.
Cire fossile I. 4,2. 1364.
Cirrolith I. 4,2. 1136.
Citrin I. 2. 1325.
Clarain E. 117.
Clarit I. 1. 1177.
Clarkeit E. 117.
Clavos I. 3,1. 2793.
Clay II. 848.
Clayit I. 1. 1108.
Claudetit I. 2. 1230. 1231.
Clausthalit I. 1. 516.
Cleavelandit II. 1469.
Cleiophan I. 1. 583. 588.
Cleveit I. 3,2. 4153. 4175.
Cleveland-Eisenstein I. 2. 2063.
Cliachit I. 2. 1954.

Cliftonit I. 1. 39.
Clingmanit II. 650.
Clinoclasit I. 4,2. 1105.
Clintonerz I. 2. 1847.
Clintonit II. 664.
Cloustonit I. 4,2. 1428. 1434.
Cluthalith II. 1719. 1676.
Coahuilin I. 1. 158.
Coba I. 3,1. 2699.
Cobalt arsenical I. 1. 773.
Cobalt grise, mine de I. 1. 773. 799.
Cobalti, Minerale-terrea fulginea I. 3,1. 3608.
Cobaltin I. 1. 771.
Cobaltit I. 1. 773.
Cobaltoadamin I. 4,1. 646.
Cobaltocalcit E. 118.
Cobaltum nigrum I. 3,1. 3608.
Cobaltum testaceum I. 1. 106.
Cobre I. 1. 199.
Cobre, antimoniato de, con cinabrio terroso I. 4,2. 842.
Cobre, azul I. 3,1. 3391.
Cobre blanco I. 1. 421.
Coccinit I. 2. 2337. 2342.
Coccolith II. 1032.
Cochizo I. 1. 541. 1009. 1198.
Cocinerit E. 118.
Codazzit E. 118.
Cölestin I. 3,2. 3734. 3905.
Cölestin, normaler I. 3,2. 3906.
Coeruleit I. 4,2. 898. 949.
Coeruleofibrit I. 4,2. 1022. 1080.
Coeruleolaktit I. 4,2. 897. 927.
Cohenit I. 1. 190.
Cokeit E. 118.
Colemanit I. 4,1. 130. 170.
Colerainit E. 119.
Collbranit E. 119.
Collieit E. 120.
Collinsit E. 120.
Collyrium II. 1829.
Colomit E. 121.
Coloradoit I. 1. 710.
Columbeisen I. 4,1. 443.
Columbit I. 4,1. 429. 437.
Colusit E. 121.
Composit I. 3,1. 2823.
Comptonit II. 1660. 1662.
Comuccit E. 121.
Conchit I. 3,1. 2884. 3022.
Condurrit I. 1. 422.
Confolensit II. 1829.
Congelo I. 3,1. 2699.
Conite I. 3,1. 3299.
Connellit I. 3,2. 4385. 4392.
Conterfait I. 1. 557.
Cookeit II. 598. 1823.
Coolgardit E. 122.
Cooperit E. 122.
Coorongit I. 4,2. 1370. 1441. 1443.
Copal, fossiler I. 4,2. 1393.
Copalin I. 4,2. 1393.
Copalit I. 4,2. 1375. 1393.
Coperit I. 1. 524.
Copiapit I. 3,2. 4396. 4413.
Copper I. 1. 199.
Copper, arseniate of I. 4,1. 653.
Copper, blue carbonate of I. 3,1. 3391.
Copper glance I. 1. 524.
Copper green carbonate of I. 3,1. 3362.
Copper Ore, azure I. 3,1. 3391.
Copper ore, olive I. 4,1. 653.
Copper purble I. 1. 904.
Coppit I. 1. 1101.
Coquimbit I. 3,2. 4395. 4397.
Coracit I. 3,2. 4157.
Cordierit II. 918.
Corindon I. 2. 1748.
Corkit I. 4,2. 727.
Cornelius I. 2. 1469.
Corneolus I. 2. 1469.
Cornetit I. 4,1. 640.
Cornuccit E. 124.
Cornuit E. 124. 125.
Cornwallit I. 4,2. 862. 883.
Coronadit I. 3,1. 3598. 3610. 3639.
Coronguit I. 4,2. 768. 843. 1325.
Corsit II. 1541.
Corundellit II. 650.
Corundophilit II. 684. 688. 721. 724.
Corundum I. 2. 1748.
Corunguit I. 4,2. 768. 843.
Corvusit E. 125.
Cosalit I. 1. 1033. 1034. 1140.
Cossait II. 646.
Cossyrit II. 1268.
Costra I. 3,1. 2698. 2702.
Cottait II. 1375.
Cotterit I. 2. 1351.
Cottonerz I. 1. 885.
Cotunnia I. 2. 2348.
Cottunnit I. 2. 2346. 2348.
Courtzilith E. 125.
Couseranit II. 1556.
Couzeranit II. 1556.
Covellin I. 1. 660.
Craitonit I. 2. 1857.
Cramerit I. 1. 588.
Crandallit I. 4,2. 1126. 1151.
Crednerit I. 3,1. 3598. 3608. 3611.
Creedit I. 3,2. 4535. 4543.
Crenit E. 125.
Crestmoreit E. 126.
Creta viridis II. 849.
Crichtonit I. 2. 1853. 1857. 1867.
Criptoalit I. 2. 2564. 2267.
Criptosa E. 127.
Crispit I. 2. 1590.
Cristal de roche I. 2. 1325.
Cristallus islandica I. 3,1. 2895.
Cristianit II. 1537. 1802.
Cristobalit I. 2. 1462.
Crocalite II. 1688.

Crocallit II. 1689.
Crocidolite II. 1265.
Crocoise I. 3,2. 4025.
Cromfordit I. 3,1. 3457.
Cronstedtit II. 742.
Crookesit I. 1. 544.
Crossit E. 127.
Crucilith I. 1. 852; II. 426.
Crucit II. 425.
Cryptohalit I. 2. 2564.
Crysocolla I. 4,1. 152.
Crystolon E. 128.
Cubait I. 2. 1429; E. 128.
Cuban I. 1. 917.
Cubanit I. 1. 917.
Cubeit E. 128.
Cubosilicit I. 2. 1485. 1542.
Cuccheite II. 1823.
Cuivre I. 1. 199.
Cuivre arseniaté lamelliforme I. 4,2. 890.
Cuivre azuré I. 3,1. 3391.
Cuivre carbonaté I. 3,1. 3362.
Cuivre carbonaté bleu I. 3,1. 3391.
Cuivre gris I. 1. 1085.
Cuivre hydrosilico globuliforme I. 4,2. 880.
Cuivre phosphaté I. 4,2, 1099.
Culebrit I. 1. 97.
Culsageeit II. 548. 572.
Cumatolith II. 1120.
Cumengeit I. 2. 2651. 2647.
Cumengit I. 2. 1253. 1255.
Cumingtonit II. 1186. 1196. 1156. 1230.
Cuprein I. 1. 524. 526. 527. 532.
Cuprichlorat, überbasisches I. 3,1. 2744.
Cuprichlorosulfat-Hydrat 1. 3,2. 4392.
Cuprihydroxylaluminiumchlorosulfat-Trihydrat I. 3,2. 4535.
Cuprihydroxysulfat-Monohydrat I. 3,2 4385.
Cuprijodat I. 3,1. 2747.
Cuprinitrat, monosymmetrisches I. 3,1. 2743.
Cuprinitrat, überbasisches I. 3,1. 2741.
Cuprisulfat-Pentahydrat I. 3,2. 4376.
Cuprit I. 2. 1901. 1904.
Cuproadamin I. 4,1. 646.
Cuprobinnit E. 129.
Cuprobismutit I. 1. 977.
Cuprocalcit I. 2. 1916.
Cuprocassiterit I. 1. 1191; I. 2. 1713.
Cuprochlorid I. 2. 2328.
Cuprocuprit E. 129.
Cuprodescloizit I. 4,1. 633. 657.
Cuprofluorid I. 2. 2488.
Cuprogoslarit I. 3,2. 4351.
Cuprojodargyrit I. 2. 2323.
Cuprojodid I. 2. 2324.
Cupromagnesit I. 3,2. 4357. 4376.
Cuproplumbit I. 1. 513; I. 4,2. 879.
Cupropyrit I. 1. 917.
Cuproscheelit I. 3,2. 4031. 4087.
Cuprozinkit I. 3,1. 3351. 3401.
Cuprum lazureum I. 3,1. 3391.
Curit I. 3,2. 4447.
Curtisit I. 4,2. 1438.
Cuspidin II. 1151. 1140.
Custerit E. 129.
Cyanit II. 149.
Cyanitähnliches Mineral II. 1153.
Cyanochalcit I. 4,2. 1022. 1088.
Cyanochroit I. 3,2. 4449. 4475.
Cyanochrom I. 3,2. 4475.
Cyanolith II. 1748.
Cyanose I. 3,2. 4380.
Cyanotrichit I. 3,2. 4537.
Cyboites II. 1714.
Cyclopeit II. 1198.
Cyclopit II. 1537. 1542.
Cylindrit I. 1. 1200.
Cymatolith II. 1120.
Cymophan I. 4,1. 75. 83.
Cyprargyrit I. 1. 540.
Cyprin II. 283. 298.
Cyprit I. 1. 524.
Cyprusit I. 3,2. 4413. 4439.
Cyrtolith I. 2. 1663. 1651.

Dachiardit E. 130.
Dahllit I. 4,2. 1021. 1022. 1092.
Dahllit, amorpher I. 4,2. 1206.
Daitonschwefel E. 131.
Dalarnit I. 1. 852.
Daleminzit I. 1. 442.
Damourit II. 527. 607. 623. 624. 625. 627. 628.
Danait I. 1. 861.
Danalith II. 452. 885.
Danburit II. 98
Dannemorit II. 1186. 1196. 1222.
Daourit II. 328.
Daphnit II. 735.
Darapskit I. 3,2. 4551.
Darlingit E. 132.
Darwinit I. 1. 419.
Darya-i-nur (Diamant) I. 1. 20.
Datolith II. 164.
Datolith-Gadolinit-Gruppe II. 163.
Dattelquarz I. 2. 1356. 1346. 1374.
Daubréelith I. 1. 958.
Daubréeit I. 2. 2653.
Dauphinit I. 2. 1567.
Davidit E. 132.
Davidsonit II. 1285.
Daviesit I. 2. 2626. 2627.
Davreuxit II. 656.
Davyn II. 856. 872.
Davynocavolinit E. 132.
Dawsonit I. 3,1. 2805. 3351.
Dechenit I. 4,1. 484. 661.
Deeckeit E. 132.
Dehrnit I. 4,2. 1021. 1036.
Dekalbit E. 133.

Delafossit I. 2. 1939; I. 4,1. 128.
Delanouit II. 1829.
Delatynit I. 4,2. 1375. 1394.
Delawarit II. 1402.
Delessit II. 749.
Delorenzit E. 134.
Delphinit II. 220.
Deltait I. 4,2. 897. 939.
Delvauxit I. 4,2. 897. 923. 1121.
Demant I. 1. 13.
Demantoid II. 82. 90.
Demantspat I. 2. 1739. 1748. 1749.
Demidowit II. 468.
Dendrachat I. 2. 1473.
Denhardtit I. 4,2. 1373.
Dennisonit I. 4,2. 897. 940. 1091.
Dentes suilli I. 3,1. 2897.
Deodatit E. 135.
Derbylith E. 135.
Dermatin II. 796.
Dernbachit I. 4,2. 727. 732.
Descloizit I. 4,1. 633. 657.
Desmin II. 1812. 1753.
Destinezit I. 4,2. 745. 746.
Devillin I. 3,2. 4387.
Devonit I. 2. 1947; I. 4,2. 905.
Dewalquit II. 444.
Deweylith II. 801.
Dewindtit I. 4,2. 972. 1020.
Diabantachronnyn II. 747.
Diabantit II. 747.
Diaboleit E. 136.
Diaclasius II. 971.
Diadelphit I. 4,2. 1177.
Diadochit I. 4,2. 745. 751. 1021. 1071. 1092.
Diagonit II. 1768.
Diaklas II. 971.
Diaklasit II. 971.
Diallag II. 1032. 1034.
Diallogit I. 3,1. 3203.
Diamant I. 1. 3. 13.
Diamanten, Marmaroscher I. 2. 1377.
Diamantoid II. 82. 90.
Diamond I. 1. 13.
Dianit I. 4,1. 443. 446.
Diaphorit I. 1. 1045. 1048.
Diaspor I. 2. 1967.
Diaspor-Goethit-Gruppe I. 2. 1967.
Diasporogelit E. 137.
Diastatit II. 1223.
Diatomeenpelit I. 2. 1508.
Diatomit I. 2. 1508.
Dichroit II. 918. 922.
Dickinsonit I. 4,2. 1201. 1204.
Dickit E. 137.
Dicksbergit I. 2. 1610; E. 139.
Didjumolith E. 139.
Didrimit II. 607. 621.
Didymit II. 607. 621.
Didymolith E. 139.
Dienerit E. 141.
Diestit I. 1. 1142.
Dietrichit I. 3,2. 4502. 4513.
Dietzeit I. 3,2. 4240.
Digenit I. 1. 524. 526. 527. 528. 532. 533. 535.
Dihydrit I. 4,2. 1093. 1094.
Dillenburgit II. 462.
Dillnit II. 845.
Dimagnetit I. 2. 2002. 2004; II. 405.
Dimorphin I. 1. 364.
Dimorphit I. 1. 366.
Dinit I. 4,2. 1340. 1369.
Diochrom E. 141.
Diocroma E. 141.
Diogenit II. 969.
Diopsid II. 1016. 1033.
Diopsidjadeit E. 141.
Dioptas II. 453.
Dioxylith I. 3,2. 4228.
Dioxylithus plumbosus I. 3,2. 4228.
Diphanit II. 650.
Diplasites I. 2. 1717.
Diplobas I. 3,1. 3103.
Diploit II. 1537.
Dipyr II. 1556.
Dipyrit E. 142.
Discachat E. 142.
Diskrase I. 1. 425.
Diskrasit I. 1. 425.
Disomose I. 1. 781.
Disterrit II. 662. 664.
Disthen II. 149.
Distom-Malachit, prismatischer I. 3,2. 4216.
Ditroit II. 887.
Dittmarit I. 4,2. 757. 766.
Dixenit E. 142.
Dobschauit I. 1. 784.
Doelterit E. 143.
Doferrowolframit I. 3,2. 4100.
Dognacskait I. 1. 977.
Dolerophanit I. 3,2. 4229.
Dolianit II. 1826.
Dolomie I. 3,1. 3298.
Dolomit I. 3,1. 2809. 3112. 3251.
Dolomite, uneigentliche I. 3,1. 3270.
Domanganowolframit I. 3,2. 4100.
Domeykit I. 1. 421.
Domingit I. 1. 1019.
Donacargyrit I. 1. 1045.
Donarerde I. 2. 1672.
Doppelspat I. 3,1. 2809.
Doppelspat, isländischer I. 3,1. 2896.
Doppelstein I. 3,1. 2895.
Dopplerit I. 4,2. 1340. 1349.
Doranit II. 1779.
Doughtyit I. 3,2. 4413. 4436.
Douglasit I. 2. 2498.
Dragomiten I. 2. 1377.
Dravit II. 328. 341.
Dréelith I. 3,2. 3823. 3851. 3887.
Dresden (Diamanten) I. 1. 20. 22.

Drewit E. 143.
Droogmansit E. 143.
Dry-bone I. 3,1 3228.
Dubuissonit E. 144.
Ducktownit I. 1. 534.
Dudgeonit I. 4,2. 1235. 1267.
Dudley-Diamant I. 1. 33.
Dudleyit II. 548. 572.
Dürfeldtit I. 1. 1122.
Dürrerz I. 3,1. 3169.
Dufreniberaunit E. 144.
Dufrenit I. 4,2. 1121.
Dufrenoysit I. 1. 1036. 1001.
Duftit I. 4,1. 656.
Dumasit II. 752.
Dumontit I. 4,2. 972. 1018. 1091.
Dumortierit II. 414.
Dumreicherit I. 3,2. 4506.
Dundasit I. 3,1. 3470. 3530.
Dunit II. 14.
Duparcit E. 144.
Duporthit II. 799.
Durain E. 145.
Durangit I. 4,1. 621. 631.
Durbachit II. 1205.
Durdenit I. 3,1. 3539.
Dussertit I. 4,2. 898. 963.
Dutenkalk I. 3,1. 2824.
Dutoitspanit E. 145.
Duttenstein I. 3,1. 2895.
Duxit I. 4,2. 1397. 1412.
Dynamit I. 2. 1508.
Dysanalyt II. 1650.
Dysklasit II. 1746.
Dyskrasit I. 1. 424.
Dysluit I. 4,1. 27. 28.
Dyslytit I. 1. 154. 192.
Dysodil I. 4,2. 1444.
Dyssnit II. 1163.
Dyssnyntribit II. 871.
Dystomglanz I. 1. 1126.
Dystom-Malachit, monotomer I. 4,2. 1102.

Eakleit E. 145.
Eastonit E. 145.
Ebelmenit I. 3,1. 3598. 3623.
Echellit E. 146.
Edelit II. 475.
Edelforsit II. 1011. 1676.
Edelopal I. 2. 1504.
Edelspinell I. 4,1. 7.
Edenit II. 1186. 1195.
Edingtonit II. 1710.
Edisonit I. 2. 1619.
Edmondsonit I. 1. 157.
Edwardsit I. 4,1. 315.
Egeran II. 283. 287.
Egersalz I. 3,2. 4270.
Eggonit I. 3,2. 3823; II. 1327.
Eglestonit I. 2. 2609.
Egueit I. 4,2. 1235. 1266.
Ehlit I. 4,2. 862. 880. 1091. 1093.
Ehrenbergit II. 1828.
Ehrenwerthit I. 2. 1994.
Eichbergit E. 146.
Eichwaldit I. 4,1. 96.
Einfach Arsenik-Kobalt I. 1. 877.
Eis I. 2. 1211. 1220; I. 3,2. 4242.
Eisblumen I. 2. 1221.
Eisen I. 1. 149.
Eisens, Gruppe des I. 1. 149.
Eisen, kohlensaures, prismatisch I. 3,1. 3160.
Eisen, meteorisches I. 1. 153.
Eisen, siderisches I. 1. 153.
Eisen, spatiges I. 3,1. 3160.
Eisen, stahlreich I. 3,1. 3160.
Eisen, tellurisches I. 1. 153.
Eisen, terrestrisches I. 1. 153.
Eisenakermanit E. 146.
Eisenalaun I. 3,2. 4510.
Eisenandradit E. 146.
Eisenanthophillit E. 147.
Eisenantigorit E. 147.
Eisenantimonglanz I. 1. 979. 1014.
Eisenapatit I. 1. 681; I. 4,1. 698.
Eisenarsenik I. 1. 867.
Eisenbeidellit E. 148.
Eisenblau I. 4,2. 1129. 1242.
Eisenblüte I. 3,1. 2890. 2972.
Eisenboracit I. 4,1. 104. 126.
Eisenbranderz I. 4,2. 1068.
Eisenbromür I. 2. 2495.
Eisenbrucit I. 2. 2087.
Eisencarbonat I. 3,1. 3183.
Eisencarbonat, amorphes I. 3,1. 3186.
Eisencarbonat, kolloidales I. 3,1. 3186.
Eisenchlorid I. 2. 2500.
Eisenchlorid-Salmiak I. 2. 2503.
Eisenchlorit II. 749.
Eisenchlorür I. 2. 2492.
Eisenchlorür-Chlorkalium I. 2. 2499.
Eisenchlorür-Kaliumchlorid I. 2. 2499.
Eisencordierit E. 148.
Eisendiopsid II. 1043.
Eisendolomit E. 148.
Eisenepidot E. 148.
Eisenerz, kaminoxenes I. 2. 1799.
Eisenerz, oolithisches I. 2. 1797. 2016.
Eisenfeldspat II. 1405.
Eisenfluorür I. 2. 2495.
Eisenfrischschlacke II. 25.
Eisengedrit E. 149.
Eisengehlenit E. 149.
Eisenglanz I. 2. 1782. 1793.
Eisenglimmer I. 2. 1785. 1793; I. 4,2. 1242; II. 548.
Eisenglimmer, rubinroter I. 2. 1993.
Eisenglimmerschiefer I. 2. 1796.
Eisengymnit II. 802. 803.
Eisenjodür I. 2. 2495.
Eisenkalkankylit I. 3,1. 3533.
Eisenkalkolivin II. 23.

Eisenkalkspat I. 3,1. 3127.
Eisenkies I. 1. 715. 722.
Eisenkiesel I. 2. 1350.
Eisenkieserz I. 1. 722.
Eisenknebelit II. 29.
Eisenkobaltkies I. 1. 863. 875. 877.
Eisenleucit II. 1310.
Eisen-Manganphosphat-Trihydrat I. 4,2. 1217.
Eisenmohr I. 2. 1802.
Eisenmolybdat I. 2. 1262.
Eisennatrolith II. 1693.
Eisennickel I. 1. 162.
Eisennickelkies I. 1. 656.
Eisenniere I. 2. 2012. 2014.
Eisenocker I. 2. 2015.
Eisenoolith I. 2. 1797. 2016.
Eisenopal I. 2. 1507.
Eisenoxyd I. 2. 1794.
Eisenoxydhydrat I. 2. 2011.
Eisenparaluminit I. 3,2. 4435.
Eisenpecherz I. 2. 2011. 2012; I. 4,1. 698; I. 4,2. 1068.
Eisenphyllit I. 4,2. 1242.
Eisenplatin I. 1. 139.
Eisenpyrochroit E. 149.
Eisenrahm I. 2. 1797.
Eisenrahm, brauner I. 3,1. 3608.
Eisenrhodonit II. 1162.
Eisenrose I. 2. 1785.
Eisensammeterz I. 2. 1994.
Eisenschefferit II. 1034. 1081.
Eisenschüssig I. 2. 1797.
Eisenschwärze I. 1. 51.
Eisensinter I. 3,2. 4441; I. 4,2. 745. 1293.
Eisenspat I. 3,1. 2089. 3112. 3146.
Eisenspeiskobalt I. 1. 876.
Eisenspinell I. 4,1. 3. 24.
Eisensteinmark II. 845.
Eisensumpferz I. 2. 2011.
Eisentalk II. 826.
Eisentellurit I. 3,1. 3540.
Eisentitan I. 2. 1856.
Eisentongranat II. 71.
Eisenvegetation I. 3,1. 3002.
Eisenvitriol I. 3,2. 4359.
Eisenvitriol, roter I. 3,2. 4513.
Eisenwentzelit I. 4,2. 822.
Eisgasch I. 2. 1221.
Eissalz I. 2. 2194.
Eisspat II. 1354. 1356.
Eisstein I. 2. 2511.
Eiswälle I. 2. 1221.
Eiszapfen I. 2. 1221.
Ekaantimon I. 1. 1194.
Ekasilicium I. 1. 1194.
Ekdemit I. 4,2. 1325. 1330.
Ekebergit II. 1555. 1569.
Ekemanit II. 514.
Ektropit E. 149.
Eläolith II. 853. 857.
Elasmose I. 1. 884. 515.
Elasmosin I. 1. 884.
Elaterit I. 4,2. 1340. 1369.
Elatolith E. 149.
Elbait E. 150.
Elbrussit E. 150.
El Doradoit E. 150.
Elektron I. 4,2. 1383.
Elektrum I. 1. 229. 239. 273. 283. 284. 289. 290. 292. 301.
Elemente I. 1. 1.
Eleonorit I. 4,2. 898.
Elfstorbit E. 150.
Elhuyarit II. 1828.
Eliasit I. 3,2. 4157.
Ellagit II. 1826.
Ellsworthit E. 151.
Elpasolith I. 2. 2524.
Elpidit E. 152.
Elvan I. 2. 1697.
Embolit I. 2. 2286. 2298. 2302. 2305.
Embrithit I. 1. 1042.
Emerald II. 1278.
Emeraude II. 1278.
Emeri I. 2. 1747.
Emerylith II. 650.
Emildin E. 155.
Emmonit I. 3,1. 2958. 3022. 3033.
Emmonsit I. 3,1. 3538.
Empholit I. 2. 1973.
Emphytites Grönlandites I. 4,1. 474.
Emplektit I. 1. 997.
Empressit E. 155.
Enalith E. 156.
Enargit I. 1. 1176.
Endeiolith E. 156.
Endellione I. 1. 1125.
Endellionit I. 1. 1125.
Endlichit I. 4,1. 488. 608. 619.
Engelhardit I. 2. 1654.
Englishit I. 4,2, 897. 941.
Enhydros I. 2. 1477.
Enophit II. 732.
Enstatit II. 960. 967.
Enstenit E. 157.
Enysit I. 3,2. 4539.
Eolide I. 1. 95.
Eosit I. 3,2. 4031. 4095.
Eosphorit I. 4,2. 897. 930. 935. 1091.
Ephesit II. 643.
Epiboulangerit I. 1. 1041.
Epichlorit II. 754. 88. 95.
Epidesmin E. 157.
Epididymit II. 1591. 1589.
Epidot II. 210.
Epidotgruppe II. 199.
Epigenit I. 1. 1185.
Epinatrolith E. 158.
Epiphanit II. 753.
Episphärit II. 1826.
Epistilbit II. 1761.
Epistolit E. 159.

Epsomit I. 3,2. 4334. 4335.
Epsomsalz I. 3,2. 4338.
Erbsenerz I. 2. 2023.
Erbsenstein I. 3,1. 2895. 2971.
Ercinit II. 1794.
Erde, kimolische II. 1828.
Erde, lemnische II. 1828.
Erde, samische II, 1829.
Erde, sinopische II. 1831.
Erdgas I. 4,2. 1361.
Erdharz I. 4,2. 1417.
Erdharz, elastisches I. 4,2. 1370.
Erdharz, gelbes I. 4,2. 1383.
Erdkobalt I. 3,1. 3598.
Erdkobalt, schwarzer I. 3,1. 3608.
Erdkohle, graue I. 4,2. 1373.
Erdmannit I. 2. 1649; II. 197.
Erdöl I. 4,2. 1361.
Erdpech, elastisches I. 4,2. 1370.
Erdstein I. 4,2. 1381.
Erdwachs I. 4,2. 1391. 1446.
Eremit I. 4,1. 315.
Ergärungen I. 2. 1687.
Erikit E. 160.
Erinadin E. 162.
Erinit I. 4,2. 890. 1093. 1100; II. 1830.
Eriocalco I. 2. 2601.
Eriochalcit I. 2. 2601.
Erionit E. 162.
Erlan II. 1049. 61.
Errit E. 163.
Ersbyit II. 1398. 1521. 1570.
Erubescit I. 1. 905.
Erythrin I. 4,2. 1235. 1255.
Erythrit I. 4,2. 1259; II. 1392.
Erythrocalcit I. 2. 2601.
Erythrochalcit I. 2. 2601.
Erythrokonit I. 1. 1086.
Erythrosiderit I. 2. 2501.
Erythrozincit I. 1. 599.
Erzalaun I. 3,2. 4350.
Erzbergit I. 3,1. 3002.
Escherit II. 221.
Eschwegit I. 3,2. 3951.
Esfena II. 1615.
Esmalte I. 2. 1844.
Esmarkit II. 169. 935. 1485. 1537. 1544. 1569.
Esmeralda II. 1278.
Esmeraldait I. 2. 2068.
Esmeraldit I. 2. 2068.
Estaño I. 1. 341.
Este, Stern von (Diamant) I. 1. 20.
Estercorrita I. 4,2. 761.
Estremadurit E. 163.
Étain I. 1. 341.
Ethiopsit I. 1. 702.
Ettringit I. 3,2. 4535. 4541.
Euban (Quarz von Euba) I. 2. 1362.
Euchlorin I. 3,2. 4231.
Euchlorit II. 548. 575.
Euchlorsalz, hemiprismatisches I. 3,2. 4444.
Euchroit I. 4,2. 862. 875. 1091.
Eudialyt II. 421. 1598.
Eudidymit II. 1589.
Eudidymitgruppe II. 1589.
Eudnophit II. 1720 1722.
Eugenesit I. 1. 133.
Eugenglanz I. 1. 1169. 1170.
Eugenie, Brillant der Kaiserin I. 1. 20.
Eugenit I. 1. 1168.
Eukairit I. 1. 458.
Eukamptit II. 549. 559.
Euklas II. 180.
Euklas-Haloid, prismatisches I. 4,2. 772.
Eukolit II. 1598.
Eukolit-Titanit II. 1616. 1632.
Eukrasit I. 2. 1676.
Eukrit I. 1. 161.
Eukryptit II. 97.
Eulysit II. 30.
Eulytin II. 43. 884.
Eumanit I. 2. 1562.
Euosmit I. 4,2. 1397. 1417.
Euphyllit II. 608. 626. 628.
Eupyrchroit I. 4,1. 514.
Euralit II. 746.
Euralith II. 746.
Eurit II. 1357.
Eusynchit I. 4,1. 485. 661. 669.
Euthalit II. 1721.
Euthallit II. 863. 1721.
Eutomit I. 1. 403.
Euxenit, siehe unter Polykras E. 470.
Euzeolith II. 1753.
Evansit I. 4,2 897. 921. 1091.
Evigtokit I. 2. 2547.
Exanthalose I. 3,2. 4268.
Excelsior (Diamant) I. 1. 37.
Exitèle I. 2. 1240.
Exitelit I. 2. 1238. 1240.
Eytlandit I. 4,1. 416.

Facellit II. 96.
Fahlerz I. 1. 1082. 1122.
Fahlglanz I. 1. 1086.
Fahlglanz, zinnischer I. 1. 1189.
Fahlit I. 1. 1085.
Fahlkupfererz I. 1. 1085.
Fahlunit II. 935.
Fairfieldit I. 4,2. 1201. 1209.
Falkenauge I. 2. 1349. 1425.
Falkenhaynit I. 1. 1113.
Famatinit I. 1. 1183.
Faratsihit E. 163.
Fargit II. 1691.
Faröelith II. 1662. 1665.
Faseranhydrit I. 3,2. 3744.
Faserblende I. 1. 558.
Fasercölestin I. 3,2. 3933. 3937.
Faserdatolith II. 170.

Fasereisenkiesel I. 2. 1349.
Fasergips I. 3,2. 4284.
Faserkiesel II. 143.
Faserquarz I. 2. 1348; II. 1266.
Fasersalz I. 2. 2154.
Faserzeolith II. 1684.
Fassait II. 1016. 1033.
Faujasit II. 1725.
Fauserit I. 3,2. 4347.
Favas I. 2. 1558. 1582. 1626; I. 4,2. 1148.
Fayalit II. 24.
Federalaun I. 3,2. 4510.
Federchalcedon I. 2. 1486.
Federerz I. 1. 1024.
Federspat I. 3,1. 2895.
Federspiesglas, rotes I. 1. 1203.
Federweiß I. 3,2. 4284. II. 1194.
Federwismut I. 1. 123.
Fedorowit E. 164.
Feldspar II. 1353.
Feldspat II. 1353.
Feldspat, amazonensteinartiger I. 4,2. 1130.
Feldspat, dichter blauer I. 4,2. 1130.
Feldspat, glasiger II. 1354.
Feldspatgruppe II. 1339.
Felserze I. 2. 2017.
Felsit II. 1357.
Felsittuff, pelitischer II. 838. 845.
Felsöbanyit I. 3,2. 4413. 4435.
Felspar II. 1353.
Felspath II. 1353.
Fer I. 1. 152.
Fer de lance I. 3,2. 4283.
Fer oxidé terreux jaune verdâtre I. 4,2. 1121.
Fer oxydé I. 2. 1793.
Fer spatique de Lisle I. 3,1. 3160.
Ferberit I. 3,2. 4099. 4142.
Ferghanit I. 4,2. 1008. 1202. 1233.
Fergusonit I. 4,1. 240. 276.
Fergusonit–Dihydrat I. 4,1. 288.
Fergusonit–Monohydrat I. 4,1. 288.
Fergusonit–Trihydrat I. 4,1. 288.
Fermorit I. 4,1. 488. 608.
Fernandinit I. 4,2. 845. 851.
Ferrazit E. 165.
Ferriallophan E. 165.
Ferriarsenat, kolloidales I. 4,2. 745.
Ferrichlorid I. 2. 2500.
Ferrierit E. 166.
Ferrigehlenit E. 166.
Ferrihydroxysulfat-Enneahydrat I. 3,2. 4424.
Ferrihydroxysulfat-Trihydrat I. 3,2. 4428.
Ferrikalit E. 166.
Ferrimolybdit E. 166.
Ferrimuskovit E. 168.
Ferrinatrit I. 3,2. 4501.
Ferriorthoklas E. 168.
Ferripurpurit E. 168.
Ferrisarkolith E. 168.
Ferrisulfat-Dekahydrat I. 3,2. 4421.
Ferrisulfat-Dodekahydrat I. 3,2. 4422.
Ferrisulfat-Enneahydrat I. 3,2. 4397.
Ferrisymplesit E. 168.
Ferrit I. 1. 191; II. 17.
Ferritungstit I. 3,2. 4447.
Ferro I. 1. 152.
Ferroaluminiumsulfat-Tetrakaiikosihydrat I. 3,2. 4509.
Ferroanthophyllit E. 169.
Ferroantigorit E. 169.
Ferrobromid I. 2. 2495.
Ferrobrucit E. 169.
Ferrochlorid I. 2. 2492.
Ferrochromit I. 4,1. 3. 70.
Ferrocobaltit I. 1. 773. 863.
Ferroferrit I. 4,1. 3. 34.
Ferrofluorid I. 2. 2495.
Ferrogoslarit I. 3,2. 4351.
Ferrohastingsit E. 169.
Ferroilmenit I. 4,1. 443. 468.
Ferrojodid I. 2. 2495.
Ferromanganowolframit I. 3,2. 4100.
Ferronatrit I. 3,2. 4501.
Ferronemalith E. 170.
Ferropallidit I. 3,2. 4324. 4333.
Ferropicotit E. 170.
Ferroplatin E. 171.
Ferroprehnit E. 171.
Ferrorhabdit E. 172.
Ferrorömerit E. 172.
Ferroschallerit E. 172.
Ferrosilicin I. 1. 191.
Ferrosilit E. 172.
Ferrostibian I. 4,2. 1166. 1190; II. 446.
Ferrosulfat-Heptahydrat I. 3,2. 4359.
Ferrosulfat-Monohydrat I. 3,2. 4333.
Forrosulfat-Pentahydrat I. 3,2. 4384.
Ferrotellurit I. 3,1. 3538; I. 3,2. 4234.
Ferrothorit E. 172.
Ferrotitanit II. 91.
Ferrotungspat I. 3,2. 4143.
Ferrowolframit I. 3,2. 4100. 4143.
Ferrucit E. 72.
Ferrum cum magnesio et terra calcarea acido aero mineralisatum I. 3,1. 3160.
Ferrum intractibile albicans spathosum I. 3,1. 3160.
Fersmannit E. 173.
Fervanit E. 174.
Festungsachat I. 2. 1472.
Festungskobalt I. 1. 802. 807.
Festungsquarz I. 2. 1352.
Fettbol II. 1830.
Fettquarz I. 2. 1350. 1370.
Fettstein II. 857.
Feuerblende I. 1. 1075.
Feueropal I. 2. 1505.
Feuerstein I. 1. 721; I. 2. 1473. 1479.
Fibroferrit I. 3,2. 4428.

Fibrolith II. 143.
Fichtelit I. 4,2. 1340. 1353.
Ficinit I. 4,2. 745. 756.
Fiedlerit I. 2. 2639. 2640.
Fieldit I. 1. 1106.
Figuren, Neumannsche I. 1. 156.
Figuren, Widmanstättensche I. 1, 156.
Fillowit I. 4,2. 1201. 1202.
Finnemanit I. 4,2. 1325. 1336.
Fiordeis I. 2. 1221.
Fiorit I. 2. 1506.
Fireblende I. 1. 1077.
Firmamentstein I. 2. 1505.
Firn I. 2. 1221.
Firneis I. 2. 1221. 1222.
Firnkörner I. 2. 1222.
Fischaugenstein II. 1735.
Fischerit I. 4.2. 897. 918.
Fizelyit E. 175.
Flag ore I. 2. 1848.
Flagstaffit I. 4,2. 1340. 1352.
Flajolotit I. 4,2. 1274. 1301.
Flammenopal I. 2. 1502.
Fliegengift I. 1. 106.
Fliegenkobalt I. 1. 106.
Fliegenstein I. 1. 106.
Flimmeropal I. 2. 1502.
Flinkit I. 4,2. 1166. 1169.
Flint I. 2. 1473.
Flintenstein I. 2. 1473.
Flintkalk I. 3,1. 3299.
Flinz I. 1. 52.
Flockenerz I. 4,1. 598.
Flokit E. 175.
Florencit I. 4,2. 723. 1112. 1115. 1116.
Florentiner (Diamant) I. 1. 15. 20.
Floridit I. 4,2. 1035.
Flowers of ocher I. 3,2. 3880.
Fluellit I. 2. 2506.
Fluobaryt I. 2. 2471.
Fluoborit E. 176.
Fluocerin I. 3,1. 3415.
Fluocerit I. 2. 2567. 2568.
Fluokollophan I. 4,2. 1021. 1034.
Fluor I. 2. 2410. 2419.
Fluoradelit I. 4,1. 712.
Fluorapatit I. 4,1. 488.
Fluorcalcium I. 2. 2420.
Fluorcerium basisk I. 3,1. 3414.
Fluordiopsid E. 177.
Fluorherderit E. 177.
Fluoride I. 2. 2099.
Fluorin I. 2. 2419.
Fluorit I. 2. 2381. 2419.
Fluorit, Absorption I. 2. 2406.
Fluorit, Ätzfiguren I. 2. 2417.
Fluorit, Analysen I. 2. 2486.
Fluorit, Ausdehnungs-Koeffizienten I. 2. 2414.
Fluorit, Brechungsvermögen I. 2. 2392.
Fluorit, Brechungsvermögen, thermische Änderung I. 2. 2400.
Fluorit, Bruch I. 2. 2391.
Fluorit, diamagnetisch I. 2. 2414.
Fluorit, diatherman I. 2. 2414.
Fluorit, Dichte I. 2. 2392.
Fluorit, Dielektrizitäts-Konstante I. 2. 2413.
Fluorit, Elastizitäts-Koeffizienten I. 2. 2415.
Fluorit, elektrische Erregung I. 2. 2412.
Fluorit, Färbungen I. 2. 2384.
Fluorit, Fluoreszenz I. 2. 2407.
Fluorit, Fundorte I. 2. 2425.
Fluorit, Habitus der Kristalle I. 2. 2382.
Fluorit, Härte I. 2. 2391.
Fluorit, Historisches I. 2. 2419.
Fluorit, Kristallformen I. 2. 2381. 2486.
Fluorit, künstliche Färbung I. 2. 2387.
Fluorit, Löslichkeit I. 2. 2416.
Fluorit, Lumineszenz I. 2. 2407.
Fluorit, Nachtrag zur Formentabelle I. 2. 2486.
Fluorit, optische Anomalien I. 2. 2401.
Fluorit, Phosphoreszenz I. 2. 2408.
Fluorit, Schmelzbarkeit, I. 2. 2415.
Fluorit, Spaltbarkeit I. 2. 2390.
Fluorit, spezifische Wärme I. 2. 2414.
Fluorit, Strich I. 2. 2390.
Fluorit, Vorkommen I. 2. 2422.
Fluorit, Zwillingsbildungen I. 2. 2383.
Fluorkiesel I. 2. 2562.
Fluorkollophan I. 4,2. 1034.
Fluormanganapatit E. 177.
Fluormejonit E. 177.
Fluornatrium I. 2. 2487.
Fluorspodiosit E. 178.
Fluorwasserstoffsäure I. 2. 2488.
Fluoryttrocerit I. 2. 2568.
Fluosiderit I. 2. 2567.
Fluotaramit E. 178.
Fluß I. 2. 2381. 2419.
Flußcerit I. 2. 2568.
Flußeisenstein I. 2. 1807.
Flußerde I. 2. 2420.
Fluß-Haloid, oktaëdrisches I. 2. 2419.
Flußsäure I. 2. 2488.
Flußspat I. 2. 2381. 2419.
Flußspat, hepatischer I. 2. 2420.
Flußstein I. 2. 2420.
Flußyttrocalcit I. 2. 2556.
Flußyttrocerit I. 2. 2568.
Flutherit I. 3,1. 3506.
Folgerit I. 1. 657; E. 179.
Footëit I. 2. 2598; I. 3,2. 4393.
Forbesit I. 4,2. 768. 823.
Forcherit I. 2. 2518.
Foresit II. 1823.
Fornacit E. 179.
Forsterit II. 3.
Fortifikationsachat I. 2. 1472.
Foshagit E. 179.
Fossil vom Weißen Meer I. 3,1. 3015; I. 3,2. 3924.

Fossil von Vorau I. 4,2. 1129.
Fossili Vitriol I. 3,2. 4380.
Fouchérit I. 4,2. 920.
Fourmarierit E. 180.
Fournetit I. 1. 1103. 497.
Fowlerit II. 1153. 1156.
Foyait II. 861.
Fraipontit E. 182.
Framesit E. 182.
Franckeït I. 1. 1197.
Francolith I. 4,1. 515; I. 4,2. 1021. 1029.
Frangilla I. 1. 506.
Franklandit I. 4,1. 130. 184.
Franklinit I. 4,1. 66.
Fraueneis I. 3,2. 4284.
Fredricit I. 1. 1105.
Freibergit I. 1. 1086.
Freieslebenit I. 1. 1044.
Freirinit E. 183.
Fremontit I. 4,1. 621. 629.
Frenzelit I. 1. 400.
Freyalith I. 2. 1676.
Friedelit II. 511.
Frieseït I. 1. 968. 969. 971.
Frigidit I. 1. 1101.
Frischschlacke II. 25.
Fritzscheit I. 4,2. 972. 1000.
Frugardit II. 283. 299.
Fuchsit II. 608. 621. 623.
Fülleisen I. 1. 156.
Füllöppit E. 184.
Fuggerit E. 183.
Fulgurit I. 2. 1350.
Fullonit I. 2. 1994.
Fulvit E. 186.
Fungus subterraneus I. 4,2. 1369.
Funkit II. 1077.
Furnacit E. 186.
Fusa I. 2. 1733.
Fusain E. 186.
Fuscit II. 1555.

Gabbronit II. 862. 1555. 1568.
Gadolinit II. 187.
Gänsekötigerz I. 4,2. 1021. 1074.
Gageït E. 186.
Gahnit I. 4,1. 27. 28; II. 283.
Gaizes I. 2. 1522.
Gajit I. 3,1. 3332. 3341.
Galafatit E. 187.
Galaktit II. 1685. 1691.
Galapektit II. 1727.
Galaxit E. 187.
Galena I. 1. 466.
Galenit I. 1. 460. 467.
Galenobismutit I. 1. 1011.
Galenobismutit, selenhaltig I. 1. 1013.
Galenoceratit I. 3,1. 3457.
Galizenstein I. 3,2. 4350.
Galmei I. 3,1. 3225. 3228; II. 1316.
Galmei, brauner I. 3,1. 3243.
Galmei, grauer I. 3,1. 3243.
Galmei, roter I. 3,1. 3231. 3247.
Galmei, weißer I. 3,1. 3231. 3243.
Gamsigradit II. 1219.
Ganggold I. 1. 242.
Gangquarz I. 2. 1346.
Ganomalith II. 915.
Ganomatit I. 4,2. 1021. 1074.
Ganophyllit II. 1730.
Garbyit I. 1. 1178.
Garnierit II. 804.
Garnsdorfit I. 3,2. 4442.
Gaspé Pebbles I. 2. 1500.
Gastaldit II. 1259.
Gauslinit E. 187.
Gavit E. 187.
Gaylussit I. 3,1. 2787. 2790. 3469.
Gearksutit I. 2. 2546.
Gedanit I. 4,2. 1375. 1396.
Gedanum I. 4,2. 1397.
Gedrit II. 1179.
Geelkies I. 1. 922.
Gehlenit II. 307.
Geierit I. 1. 868.
Geikielith I. 2. 1885; II. 1652.
Gekrösestein I. 2. 2195; I. 3,2. 3757. 3766.
Gelbantimonerz I. 2. 1252; I. 4,2. 1164.
Gelbbleierz I. 3,2. 4048.
Gelbeisenerz I. 2. 2012; I. 3,2. 4195. 4201. 4417.
Gelbeisenkies I. 1. 723.
Gelbeisenstein I. 2. 2011.
Gelberde II. 848.
Gelberz I. 1. 897. 884. 449.
Gelbmenakerz II. 1615.
Gelbnickelkies I. 1. 608.
Gelbspießglanzerz I. 2. 1240.
Geldiadochit E. 188.
Geldolomit E. 188.
Gelenkquarz I. 1. 24; I. 2. 1429.
Gellibäckit II. 1011.
Gelmagnesit E. 188.
Gemmahuja II. 828.
Genevit E. 188.
Genthit II. 804.
Geocerain I. 4,2. 1446.
Geocerellit I. 4,2. 1444. 1446.
Geocerinsäure I. 4,2. 1446.
Geocerit I. 4,2. 1444. 1446.
Geokronit I. 1. 1163.
Geolyt E. 189.
Geomyrizit I. 4,2 1444. 1445.
Georetinsäure I. 4,2 1445.
Georgiadesit I. 4,2. 1093. 1106.
Geraesit I. 4,2. 1126. 1153.
Gerhardtit I. 3,1. 2741.
Germanium I. 1. 1194.
Germanit E. 189.
Germarit II. 978.
Gersbyit I. 4,2. 1125. 1134.
Gersdorffit I. 1. 779.

Gerstenkörner, Sangerhäuser I. 3,1. 2798; I. 3,2. 3712. 3924.
Gesundheitsstein I. 1. 722.
Geyerit I. 1. 868. 869.
Geyserit I. 2. 1506.
Geysirit I. 2. 1506.
Giallo antico I. 3,1. 2896.
Gibbsit I. 2. 1944. 1947; I. 4,2. 1274. 1309.
Gieseckit II. 633. 869.
Giftkies I. 1. 836. 841. 867.
Gigantolith II. 633. 936.
Gilbertit II. 845.
Gillespit E. 191.
Gilpinit I. 3,2. 4444.
Gilsonit I. 4,2. 1428. 1432.
Giltstein II. 817.
Ginorit E. 192.
Giobertit I. 3,1. 3118. 3127.
Giorgiosit I. 3,1. 3523.
Gips I. 3,2. 4274; I. 4,2. 775.
Gipshaloid, diatomes I. 4,2. 772.
Gipshaloid, hemiprismatisches I. 4,2. 779.
Gipshaloid, prismatisches I. 3,2. 3766.
Gipsstein, schuppiger I. 3,2. 3765.
Girasol I. 2. 1502. 1504. 1747.
Girasol, orientalischer I. 2. 1750.
Girnarit E. 192.
Gismondin II. 1809.
Giuffit II. 1597.
Giufit II. 1597.
Glacialit E. 193.
Gladit E. 193.
Glaesum I. 4,2. 1383.
Glagerit II. 1827.
Glancespar II. 149.
Glantskobolt I. 1. 772.
Glanzarsenkies I. 1. 867.
Glanzblende I. 1. 547.
Glanzbraunstein I. 3,1. 3569.
Glanzeisen I. 1. 157. 192.
Glanzeisenerz I. 2. 1794.
Glanzeisenstein I. 2. 1794. 2015.
Glanzerz I. 1. 436.
Glanzkobalt I. 1. 771.
Glanzkobaltkies I. 1. 773.
Glanzmanganerz I. 2. 1980.
Glanzspat II. 149.
Glascerit I. 3,2. 3664. 3695.
Glaserit I. 3,2. 3657. 3683.
Glaserschwärze I. 1. 437.
Glaserseife I. 2. 1733.
Glaserz I. 1. 436; I. 2. 2282.
Glaskopf I. 2. 1793. 2010.
Glaskopf, roter I. 2. 1794.
Glaskopf, schwarzer I. 3,1. 3607.
Glasmacherglätte I. 2. 1937.
Glasopal I. 2. 1505.
Glasquarz I. 2. 1325.
Glasschörl II. 494.
Glasspat I. 2. 2419.
Glasstein I. 2. 1505; II. 494.
Glaubaptit I. 4,2. 1035.
Glauberit I. 3,2. 3698. 3702.
Glaubersalz I. 3,2. 4265.
Glauconie II. 849.
Glaukochroit E. 193.
Glaukodot I. 1. 861.
Glaukokerinit E. 194.
Glaukolith II. 863. 890. 891. 1555. 1571.
Glaukonit II. 849.
Glaukophan II. 1257.
Glaukopyrit I. 1. 868. 869. 870.
Glaukosiderit I. 4,2. 1242.
Glendonit E. 194.
Glessit I. 4,2. 1397. 1399.
Glessum I. 4,2. 1399.
Glesum I. 4,2. 1383.
Gletscherbewegung I. 2. 1224.
Gletschereis I. 2. 1221. 1222.
Gletscherkorn I. 1. 1222.
Gletscherkorn, Wachstum I. 2. 1223.
Gletschersalz I. 3,2. 4342.
Glimmer II. 520.
Glimmergruppe II. 515.
Glinkit II. 14.
Glockenmetall I. 1. 1188.
Glockerit I. 3,2. 4396. 4413. 4441.
Glossecollit II. 1828.
Glottalith II. 1826.
Glucinit I. 4,1. 684.
Glühekies I. 1. 818.
Gmelinit II. 1773. 1786.
Gökumit II. 283. 298.
Goethit I. 2. 1991. 1994.
Götterkugeln I. 2. 1442.
Gold I. 1. 236.
Gold, Bismuthic I. 1. 320.
Gold, black I. 1. 320.
Gold, faules I. 1. 319.
Gold, weißes I. 1. 884.
Goldamalgam I. 1. 321.
Golden Opal I. 2. 1530.
Golderz I. 1. 884.
Goldfieldit E. 195.
Goldglätte I. 2. 1937.
Goldkies, arsenikalischer I. 1. 867.
Goldopal I. 2. 1502. 1530.
Goldquarz I. 1. 240; I. 2. 1346
Goldschmidtit I. 1. 894.
Goldschwefel I. 1. 1203.
Goldtelluride, Gruppe der I. 1. 884.
Goldtopas I. 2. 1325.
Gondron minéral I. 4,2. 1364.
Gongylit II. 633.
Gonnardit E. 195.
Goongarrit E. 196.
Gorceixit I. 4,2. 723. 1126. 1150.
Gordait I. 3,2. 4501.
Gordonit I. 4,2. 898. 968.
Goshenit II. 1291.
Goslarit I. 3,2. 4334. 4349.
Gosselit, Gosseletit E. 196.
Gotthardit I. 1. 1037.

Gouttes de sang I. 4,1. 7.
Gouvernerit E. 196.
Goyazit I. 4,2. 1126. 1149.
Grabstein I. 4,2. 1381.
Graebeït E. 196.
Grängesit II. 755.
Gränzerit E. 197.
Graftonit I. 4,1. 206.
Grahamit I. 1. 161; I. 4,2. 1428. 1431; II. 996.
Gramenit II. 1830.
Graminit II. 1830.
Grammatit II. 1193.
Grammit II. 1005.
Granat I. 4,2. 1164.
Granat, schörlartiger I. 2. 1590.
Granatgruppe II. 46.
Granatit II. 419.
Granatus II. 49.
Grandidierit E. 197.
Grandit E. 197.
Granitquarz I. 2. 1347.
Granulin I. 2. 1461.
Graphicum, Aurum I. 1. 884. 893.
Graphit I. 1. 43. 51.
Graphitit I. 1. 47.
Graphitoid I. 1. 50. 54. 63.
Grastit II. 698. 723.
Graubraunstein I. 2. 1727. 1979.
Graueisenkies I. 1. 818. 723.
Grauerz I. 1. 1001. 1085.
Graugolderz I. 1. 884.
Graugültigerz I. 1. 1085.
Graukobalterz I. 1. 614.
Graumanganerz I. 2. 1720. 1727. 1980.
Graunickelkies I. 1. 781.
Gräupel I. 2. 1220.
Graupen I. 2. 1220.
Grauspießglanzerz I. 1. 372.
Grauwacke I. 2. 1347.
Great White (Diamant) I. 1. 37.
Greenalit E. 198.
Greenit E. 198.
Greenockit I. 1. 599.
Greenovit II. 1615. 1630.
Greisen I. 2. 1686.
Grenatit II. 419.
Grengesit II. 755.
Greroilith I. 3,1. 3598. 3608.
Griesstein II. 1198.
Griffithit E. 198.
Griphit I. 4,2. 1125. 1140.
Griqualandit II. 1266.
Grochauit II. 699. 703.
Groddeckit II. 1788.
Grodnolith I. 4,2. 1021. 1033.
Grönlandit I. 4,1. 443. 474.
Groppit II. 937.
Groroilith I. 3,1. 3608.
Großmogul (Diamant) I. 1. 18. 19.
Grossouvréit I. 2. 1507. 1523.
Grossular II. 51. 58.
Grothin E. 199.
Grothit II. 1616. 1618.
Grovudit II. 1132.
Grünauit I. 1. 965.
Grünbleierz I. 4,1. 579. 598.
Grüneisenerde I. 4,2. 1121.
Grüneisenstein I. 4,2 1121.
Grünerde II. 849.
Grünkies I. 1. 737.
Grünlingit I. 1. 402.
Grünörke I. 2. 2010.
Grünsalz I. 2. 2194.
Grünsand II. 849.
Grundeis I. 2. 1221.
Grunerit II. 1196. 1219. 1230.
Guadalcazarit I. 1. 705. 706.
Guadalcazit I. 1. 705.
Guadarramit E. 200.
Gualda I. 1. 949.
Guanabaquit I. 2. 1429; E. 200.
Guanajuatit I. 1. 400.
Guanit I. 4,2 1199.
Guano I. 3,1. 2693.
Guanovulit I. 3,2. 4261. 4262. 4554.
Guarinit II. 1637.
Guayacanit I. 1. 1180.
Guayaquilit I. 4,2. 1397. 1419.
Gudmundit E. 200.
Guejarit I. 1. 993. 995. 996.
Güldisches Silber I. 1. 229. 232. 233.
Gümbelit II. 832.
Guétin I. 2. 2060.
Guhr I. 2. 1507.
Guildit I. 3,2. 4533.
Guitermanit I. 1. 1140.
Gumbed I. 4,2. 1364.
Gummibleispat I. 4,2. 1156.
Gummierz I. 3,2. 4157.
Gummispat, prismatischer I. 4,2. 1156.
Gummit I. 3,2. 4157; II. 1827.
Gumucionit E. 201.
Gunnarit I. 1. 657; E. 201.
Gunnisonit I. 2. 2482.
Gurgulho I. 1. 22.
Gurhofian I. 2. 2082; I. 3,1. 3299. 3307.
Gurolith II. 1745.
Gymnit II. 801.
Gypsum ponderosum I. 3,2. 3822.
Gypsum prismatic I. 3,2. 3766.
Gypsum spathosum gravissimum I. 3,2. 3822.
Gyrolith II. 1745.

Haarkies I. 1. 607.
Haarsalz I. 2. 2154; I. 3,2. 4342. 4406. 4510.
Haarsalz, bitteres I. 3,1. 2783.
Haarsalz, saures I. 3,1. 2783.
Habronem-Malachit, diatomer I. 4,2. 1105.

Habronem-Malachit, prismatischer I. 4,2. 1099.
Hackmanit E. 201.
Haddamit I. 4,1. 399.
Hälleflinte II. 1357.
Hämafibrit I. 4,2. 862. 873. 1091.
Hämatit I. 2. 1782. 1792.
Haematite black I. 3,1. 3607.
Hämatites niger I. 3,1. 3615.
Hämatogelit E. 204.
Hämatokonit I. 3,1. 2896.
Hämatolith I. 4,2. 1166. 1175.
Hämatophanit E. 204.
Hämatostibiit I. 4,2. 1166. 1188.
Hafnefjordit II. 1520.
Hagatalit E. 202.
Hagel I. 2. 1220.
Hagemannit I. 2. 2546.
Hahnenkies I. 1. 821.
Haidingerit I. 1. 1014; I. 4,2. 767. 768.
Hainit E. 202.
Hal-Baryt, I. 3,1. 3107.
Hal-Baryt, prismatischer I. 3,2. 3823.
Hal-Baryt, prismatoidischer I. 3,2. 3929.
Hal-Chalzit I. 2. 2576.
Halbkugelerz I. 1. 672.
Halblasurblei I. 3,2. 4255.
Halbopal I. 2. 1505.
Halbvitriolblei I. 3,2. 4228.
Halda I. 2. 2195.
Halit I. 2. 2101. 2151.
Halites I. 2. 2151.
Halitosylvin I. 2. 2497.
Halitsylvin I. 2. 2156.
Hallerit E. 203.
Hallit II. 549. 573.
Halloysit II. 1827.
Halobolite I. 3,1. 3641.
Halochalzit I. 2. 2576.
Haloide I. 2. 2099.
Halosachne I. 2. 2149.
Halotrichit I. 3,2. 4406. 4509.
Hamartit I. 3,1. 3414.
Hambergit I. 4,1. 88.
Hamelith E. 204.
Hamlinit I. 4,2. 722. 723. 1065. 1116. 1125. 1144.
Hammarit E. 204.
Hammochrysos II. 520.
Hampdenit E. 205.
Hampshirit I. 2. 1438; II. 826.
Hancockit E. 205.
Hanfsalz I. 2. 2194.
Hangeis I. 2. 1221.
Hanksit I. 3,2. 4241.
Hannayit I. 4,2. 757. 764.
Harbortit E. 206.
Hardystonit E. 206.
Harkise I. 1. 608.
Harlequinopal I. 2. 1502.
Harmotom II. 1792.
Harringtonit II. 1707. 1708.
Harrisit I. 1. 534. 664.
Harstigit II. 509.
Hartharz I. 4,2. 1422.
Hartin I. 4,2. 1438. 1440.
Hartit I. 4,2. 1340. 1358.
Hartkobalterz I. 1. 880.
Hartkobaltkies I. 1. 880.
Hartmanganerz I. 3,1. 3607.
Hartmannit I. 1. 625.
Hartsalz I. 2. 2155. 2182.
Hartstein I. 2. 2011.
Harttit I. 4,2. 721. 741.
Harz, fossiles von Nienburg I. 4,2. 1400.
Haselgebirge I. 2. 2155.
Hastingsit E. 208.
Hatchettin I. 4,2. 1340. 1367.
Hatchettolith E. 211.
Hatchit E. 213.
Hauchecornit I. 1. 966.
Hauerit I. 1. 769.
Haüyn II. 894.
Haüyngruppe II. 883.
Haüyn-Lasurstein II. 913.
Haüynophyr II. 898. 905.
Haughtonit II. 549. 566.
Hauptanhydrit I. 3,2. 3767.
Hauptsalz I. 2. 2156. 2180.
Hausmannit I. 3,1. 3563.
Hausmannit, kobalthaltiger I. 3,1. 3569.
Hausmannit, kupferhaltiger I. 3,1. 3569.
Hausmannit, nickelhaltiger I. 3,1. 3569.
Hausmannit, zinkhaltiger I. 3,1. 3569.
Hautefeuillit I. 4,2. 1235. 1272.
Havnefjordit II. 1520.
Hawait E. 213.
Haydenit II. 1781. 1773.
Hayesin I. 4,1. 159. 165.
Hayesinit I. 4,1. 159. 165.
Hayesit I. 4,1. 159. 165
Haytorit I. 2. 1477. 1491; II. 176.
Heazlewoodit I. 1. 658.
Hebetin II. 35.
Hebronit I. 4,1. 624.
Hectorit II. 1087.
Hedenbergit II. 1016. 1033.
Hedyphan I. 4,1. 488. 605.
Heganit II. 1684.
Heidengebirge I. 2. 2203.
Heintzit I. 4,1. 192.
Hekatolith II. 1357.
Heliodor E. 213.
Heliolith II. 1357.
Heliophyllit I. 4,2. 1330.
Heliotrop I. 2. 1470. 1479.
Hellandit E. 214.
Helleflinta II. 1357.
Helminth II. 699. 709.
Helvetan II. 549.
Helvin II. 447. 885.
Helvingruppe II. 447. 884.
Hemdenquarz I. 2. 1351.
Hemichalcit I. 1. 997.

Hemidomblende, glanzige I. 1. 985.
Hemimorphit II. 1317.
Hengleinit E. 216.
Henryit I. 1. 515.
Henwoodit I. 4,2. 845.
Hepatinerz I. 2. 1904; II. 462.
Hepatisch-Zinkerz I. 1. 558.
Hepatit I. 3,2. 3823. 3842. 3887.
Hepatites I. 2. 1793.
Hepatopyrit I. 1. 818.
Heptaphyllit E. 217.
Hercynit I. 4,1. 7. 24. 25.
Herderit I. 4,1. 634. 680.
Hermannit II. 1157.
Hermannolit I. 4,1. 443. 467.
Hermesit I. 1. 1086. 1083. 1088.
Herrengrundit I. 3,2. 4385. 4389.
Herrerit I. 3,1. 3228. 3240.
Herschelit II. 1773. 1778.
Herzsalz I. 2. 2216. 2221.
Hessit I. 1. 449.
Hessonit II. 51.
Hetärolith I. 2. 2095; I. 3,1. 3595.
Hetairit I. 3,1. 3595.
Hetepozit I. 4,1. 231; I. 4,2. 1299.
Heterobronchantit I. 3,2. 4224.
Heterogenit I. 2. 2096.
Heteroklin I. 3,1. 3546. 3548; II. 1158.
Heteromerit II. 283. 300.
Heteromorphit I. 1. 1024. 1025.
Heterosit I. 4,1. 231; I. 4,2. 1274. 1298.
Heterotyp II. 1194.
Heubachit I. 2. 2097.
Heugabeln vom Weißen Meer I. 3,1 2799. 3015; I. 3,2. 3924. 3947.
Heulandit II. 1749. 1753.
Hewettit I. 4,2. 853. 856.
Hexagonit II. 1228.
Hexahydrit I. 3,2. 4348.
Hialit I. 2. 1505.
Hibbenit I. 4,2. 862. 869. 1202. 1230.
Hibschit E. 217.
Hiddenit II. 1121.
Hieratit I. 2. 2562.
Hierro I. 1. 152.
Higginisit I. 4,1. 633. 649.
Hilgenstockit E. 217.
Hillängsit II. 1197. 1223.
Hillebrandit E. 218.
Himbeerspat I. 3,1. 3203.
Hinsdalit I. 4,2. 721. 734.
Hintzeit I. 4,1. 192.
Hiortdahlit II. 1177.
Hirschhornsalz, flüchtiges I. 3,1. 2749.
Hirzin I. 4,2. 1419.
Hirzit I. 4,2. 1397. 1418.
Hisingerit II. 1830. 760.
Hislopit I. 3,1. 2896.
Histrixit E. 219.
Hitchcockit I. 4,2. 1064. 1126. 1153.
Hitchecockit I. 4,2. 1021. 1064. 1153.
Hjelmit I. 4,1. 405. 427.
Hochschnee I. 2. 1222.
Hodgkinsonit E. 219.
Hoeferit II. 1830.
Högauit II. 1684.
Högbomit E. 220.
Högtveitit E. 221.
Hoelit I. 4,2. 1438. 1441; E. 222.
Hörnbergit E. 223.
Hörnesit I. 4,2. 1235. 1269.
Hoevelit I. 2. 2231. 2242.
Hoffmannit I. 1. 869; I. 4,2. 1360. 1439.
Hofmannit I. 4,2. 1360. 1438. 1439.
Hohmannit I. 3,2. 4413. 4426.
Hokutolith I. 3,2. 3824. 3877. 3884.
Hokutolith-Quellsinter I. 3,2. 3884.
Holdenit I. 4,2. 862. 894.
Hollandit I. 3,1. 3598. 3609. 3629.
Holmesit II. 665.
Holmit II. 666.
Holmquistit E. 222.
Holosiderit I. 1. 161.
Holzasbest II. 739. 766. 1195.
Holzopal I. 2. 1505.
Holzstein I. 2. 1353. 1475. 1479.
Holzzinn I. 2. 1683.
Holzzinnerz I. 2. 1680. 1683. 1699.
Homichlin I. 1. 923. 926. 931. 956.
Homilit II. 196.
Honigstein I. 4,2. 1348.
Hope (Diamant) I. 1. 20. 18.
Hopeit I. 4,2. 1202. 1223.
Hoppers I. 2. 2174.
Horbachit I. 1. 711.
Hornblei I. 3,1. 3060. 3456.
Hornblende II. 1186. 1193.
Hornblende, basalt. II. 1195.
Hornblende, gemeine II. 1195.
Hornblendegruppe II. 958. 1179.
Hornerz I. 2. 2277. 2282.
Hornerzschwärze I. 1. 437.
Hornmangan II. 1157. 1156.
Horn Mercury I. 2. 2332.
Hornquecksilber I. 2. 2330. 2333.
Hornsilber I. 2. 2277. 2282.
Hornsinter I. 3,1. 3004.
Hornstein I. 2. 1346. 1475. 1479; II. 1193.
Horoclasius I. 2. 1895.
Horse-flesh I. 2. 1915.
Horse-flesh ore I. 1. 911.
Horsfordit I. 1. 423.
Hortonit II. 1090.
Hortonolith II. 23.
Houghit I. 2. 2088.
Howardit I. 1. 161; II. 14. 995. 1093.
Howdenit E. 223.
Howlith II. 469.
Huantajayit I. 2. 2275.
Huascolith I. 1. 502. 505. 506. 513.
Hudsonit II. 1090.
Hübnerit I. 3,2. 4099. 4101; I. 4,2. 834.
Hügelit E. 223.
Huelvit I. 3,1. 3203. 3215.

Hueso de muerto I. 2. 1256.
Hüttenbergit I. 1. 867.
Hüttenrauch I. 2. 1227.
Hullit II. 756.
Hulsit E. 223.
Humboldtin I. 4,2. 1346.
Humboldtilith II. 1583.
Humboldtit II. 169. 173.
Humit II. 376.
Humitgruppe II. 370.
Humussäure I. 2. 2023.
Humussole I. 2. 2024.
Hundezähne I. 2. 1400.
Hunterit II. 1828.
Huntilith I. 1. 431.
Huraulit I. 4,2. 828.
Hureaulit I. 4,1. 231; I. 4,2. 768. 824.
Huronit II. 937. 1537. 1547.
Hussakit I. 4,1. 266. 268.
Hutchinsonit E. 224.
Hverlera II. 852.
Hversalt I. 3,2. 4511.
Hyacinth I. 2. 1636.
Hyazinth, orientalischer I. 2. 1750.
Hyazinthen von Santiago de Compostela I. 2. 1402.
Hyalit I. 2. 1505.
Hyaloallophan E. 226.
Hyalophan II. 1425.
Hyalosiderit II. 21.
Hyalotekit II. 408. 1331.
Hyblit E. 226.
Hydrargillit I. 2. 1944. 1947; I. 4,2. 905.
Hydrargyrit I. 2. 2294. 2333.
Hydrargyrum I. 1. 328.
Hydrinphyllit I. 2. 2081.
Hydrit II. 1654.
Hydroapatit I. 4,2. 1029.
Hydrobiotit II. 549. 558.
Hydroboracit I. 4,1. 130. 185.
Hydroborocalcit I. 4,1. 165. 186.
Hydrobucholzit II. 149.
Hydrocalcit E. 227.
Hydrocalumit E. 227.
Hydrocarbonate d'aluminium et de sodium I. 3,1. 2806.
Hydrocarbonate of Zinc I. 3,1. 3353.
Hydrocastorit II. 1596.
Hydrocerit I. 3,1. 3499.
Hydrocerussit I. 3,1. 3351. 3392.
Hydrochalcedon I. 2. 1496.
Hydroclinohumit E. 227.
Hydrocuprit I. 2. 1917. 1907.
Hydrocyanit I. 3,2. 3735. 4007.
Hydrodolomit I. 3,1. 3517. 3519.
Hydrofluocerit I. 3,1. 3415.
Hydrofluorit I. 2. 2488.
Hydrofluorherderit I. 4,1. 680.
Hydrofranklinit I. 2. 2094; I. 3,1. 3595.
Hydrogiobertit I. 3,1. 3523.
Hydroglockerit I. 3,2. 4442.
Hydrogoethit I. 2. 2007.
Hydrohämatit I. 2. 2014. 2035.
Hydrohalit I. 2. 2231.
Hydroherderit I. 4,1. 633. 680.
Hydroilmenit I. 2. 1871.
Hydrolantanit I. 3,1. 3499.
Hydrolith II. 1787.
Hydromagnesit I. 3,1. 3470. 3513.
Hydromagnocalcit I. 3,1. 3517. 3519.
Hydromelanothallit I. 2. 2599. 2600.
Hydronephelit II. 863. 1669.
Hydrophan I. 2. 1505. 1512.
Hydrophan-Halbopal I. 2. 1515.
Hydrophilit I. 2. 2378.
Hydrophit II. 767.
Hydrophyllit I. 2. 2081.
Hydropit II. 1157. 1156.
Hydroplumbit I. 2. 2097.
Hydropyrit I. 1. 818. 822.
Hydrorhodonit II. 1159.
Hydroromeit E. 228.
Hydrosamarskit I. 4,1. 419.
Hydrosilicit II. 800.
Hydrosteatit II. 826.
Hydrotalk I. 2. 2081; II. 711.
Hydrotalkit I. 2. 2087.
Hydrotephroit II. 32.
Hydrothomsonit E. 228.
Hydrothorit E. 228.
Hydrotitanit II. 1651.
Hydrotroilit E. 229.
Hydrous-Anthophyllite II. 1182.
Hydrowollastonit E. 229.
Hydroxyapatit E. 229.
Hydroxyde I. 2. 1209.
Hydroxymimetit E. 229.
Hydrozinkit I. 3,1. 3351. 3352.
Hydrozinkit, kupferführender I. 3,1. 3400.
Hygrophilit II. 633. 639.
Hypargyrit I. 1. 987.
Hypargyronblende I. 1. 987.
Hypersthen II. 960. 966.
Hypodesmin II. 1814.
Hyposiderit I. 2. 2012. 2040.
Hyposklerit II. 1463.
Hypostilbit II. 1814.
Hypotyphit I. 1. 110.
Hypoxanthit I. 2. 2015. 2054; II. 848.
Hystatisches Eisenerz I. 2. 1860.
Hystatit I. 2. 1861.

Iberit II. 937.
Ichthyophthalm II. 1735.
Iddingsit E. 229.
Idokras II. 277.
Idrialin I. 1. 672.
Idrialit I. 1. 672.
Idrizit I. 3,2. 4533.
Idrocastorite II. 1596.
Idrociano I. 3,2. 4009.
Idrofluore I. 2. 2488.
Idromelanotallite I. 2. 2600.

Igalikit E. 232.
Igelströmit I. 2. 2092; II. 29.
Iglesiasit I. 3,1. 3067. 3078.
Iglit I. 3,1. 2990.
Igloit I. 3,1. 2990.
Ignatiewit I. 3,2. 4194.
Ihleit I. 3,2. 4413. 4416. 4422.
Ilesit I. 3,2. 4384.
Ilmenit I. 2. 1853. 1857.
Ilmenitglimmer I. 2. 1854.
Ilmenorutil I. 2. 1609. 1611.
Ilsemannit I. 2. 1263; I. 3,2. 4446.
Ilvait II. 399.
Imerinit E. 232.
Imperial (Diamant) I. 1. 37.
Impsonit I. 4,2. 1428. 1432.
Inanga II. 1248.
Inciensado I. 1. 587.
Indianait II. 1828.
Indianit II. 1537. 1546.
Indigolith II. 328. 350.
Indigosaphir I. 2. 1750.
Inesit II. 1728.
Infusorienerde I. 2. 1508.
Infusorienmehl I. 2. 1508.
Inlandeis I. 2. 1225.
Intaglien I. 2. 1471.
Inverarit I. 1. 657. 644.
Inyoit I. 4,1. 130. 183.
Ionit E. 233.
Iosen E. 233.
Iozit E. 234.
Irid I. 1. 137.
Iridium I. 1. 134. 137.
Iridiumplatin I. 1. 137.
Iridosmin I. 1. 134.
Iridosmium I. 1. 133.
Iridplatin I. 1. 138.
Iris I. 2. 1325.
Iron I. 1. 152.
Iron Ore, black I. 3,1. 3607.
Irvingit E. 234.
Iserin I. 2. 1856. 1861.
Iserit I. 2. 1595.
Ishikawait E. 234.
Isoklas I. 4,2. 862. 884. 1091.
Isomikroklin E. 235.
Isoperthit E. 235.
Isorthoklas E. 235.
Itabirit I. 2. 1797. 1844.
Itacolumit I. 1. 23. 24. 28; I. 2. 1347. 1429. 1431. 1436.
Ittnerit II. 901.
Ivigtit I. 2. 2513.
Iwaarit II. 95.
Ixiolit I. 4,1. 433. 476.
Ixionit I. 4,1. 476.
Ixionolith I. 4,1. 476.
Ixolit I. 4,2. 1441. 1442.

Jaboncillo I. 2. 2646.
Jacinthe I. 2. 1636.
Jacksonit II. 475. 483.
Jacobsit I. 4,1. 65.
Jacotinga I. 2. 1797.
Jacupirangit I. 2. 1625.
Jade II. 1172. 1198.
Jade de Breton II. 1011.
Jade, schweizerische II. 1199.
Jadeit II. 1171.
Jaipurit I. 1. 614.
Jalpait I. 1. 458. 542.
Jamesonit I. 1. 1024. 1025; I. 4,2. 834.
Janit E. 235.
Jánosit I. 3,2. 4416.
Janthinit E. 236.
Jargon I. 2. 1636.
Jargonium I. 2. 1637.
Jarka I. 2. 2194.
Jarlit E. 236.
Jarosit I. 3,2. 4440. 4179. 4195; I. 4,2. 723. 1116.
Jarrowit I. 3,1. 2799.
Jaspachat I. 2. 1472.
Jaspis I. 2. 1346. 1476. 1479.
Jaspohämatit I. 2. 1804.
Jasponyx I. 2. 1476.
Jaspopal I. 2. 1507.
Jaulingit I. 4,2. 1397. 1414.
Jefferisit II. 549. 573.
Jeffersonit II. 1016. 1033. 1088.
Jelletit II. 82. 86.
Jenkinsit II. 767. 787.
Jenzschit I. 2. 1507.
Jeremejewit I. 4,1. 96.
Jern I. 1. 152.
Jeromit E. 237.
Jewreinowit II. 283. 299.
Jeypoorit I. 1. 614.
Ježekit I. 4,2. 847. 1166.
Jivaarit = Iwaarit II. 95.
Joassit I. 3,2. 4030.
Jodammon I. 2. 2272.
Jodargyrit I. 2. 2308. 2313.
Jod-Atacamit I. 2. 2595.
Jodblei I. 2. 2351. 2352. 2629.
Jodbromchlorsilber I. 2. 2303.
Jodcadmium I. 2. 2346.
Jodcarnallit I. 2. 2374.
Jodembolit I. 2. 2298. 2287. 2302.
Jodide I. 2. 2099.
Jodinsilber I. 2. 2282. 2283. 2313.
Jodit I. 2. 2308. 2283. 2313.
Jodlaurionit I. 2. 2636.
Jodobromit I. 2. 2298. 2286. 2302. 2303.
Jodquecksilber I. 2. 2341. 2342. 2340. 2337.
Jodsilber I. 2. 2308.
Jodyrit I. 2. 2308. 2313.
Jodzink I. 2. 2346.
Jökull I. 2. 1225.
Johannit I. 3,2. 4443.
Johannsenit E. 237.
Johnit I. 4,2. 946.

Johnsonit E. 237.
Johnstonit I. 1. 501. 479. 486. 506; I. 3,2. 3976. 3980.
Johnstonotit E. 237.
Johnstrupit II. 1147. 1140.
Jolanthit E. 238.
Jolith II. 918. 922.
Jonit I. 4,2. 1340. 1371.
Jordanit I. 1. 1142. 1092.
Jordisit E. 238.
Joseït I. 1. 402.
Josen E. 238.
Josephinit I. 1. 166.
Jossait I. 3,2. 4012. 4030.
Juanit E. 238.
Juddit E. 238.
Jü II. 1245.
Julianit I. 1. 1094.
Juliënit E. 239.
Julius Pam (Diamant) I. 1. 37.
Junckerit I. 3,1. 3160.
Jurinit I. 2. 1549.
Jurupait E. 239.
Justit I. 2. 2571.
Juxporit E. 240.

Kabok I. 2. 1886.
Kacholong I. 2. 1506.
Kämmererit II. 679. 688. 704. 714. 716. 719 723; I. 3,1. 3525.
Kaersutit II. 1231.
Kahurangi II. 1248.
Kainit I. 3,2. 4544.
Kainit, Ammonium- I. 3,2. 4551.
Kainit, Brom- I. 3,2. 4551.
Kainitit I. 2. 2156.
Kainosit II. 882.
Kakerlakiston I. 2. 1961.
Kakochlor I. 3,1. 3598. 3616.
Kakoklas II. 1582.
Kakoxen I. 4,2. 897. 915. 1091.
Kalamit II. 1193.
Kalcedon I. 2. 1469.
Kalchstein I. 3,1. 2894.
Kalgoorlit I. 1. 886. 885; E. 240.
Kali I. 3,1. 2780.
Kaliägirin E. 241.
Kalialaun I. 3,2. 4490.
Kaliastrakanit E. 241.
Kaliblödit E. 241.
Kaliborit I. 4,1. 130. 189.
Kalicin I. 3,1. 2753.
Kalicinit I. 3,1. 2748. 2752.
Kalicit I. 3,1. 2753.
Kalifeldspat II. 1332.
Kaliglimmer II. 599.
Kaliharmotom II. 1802.
Kalinatrolith II. 1694.
Kalinatronfeldspat II. 1418.
Kalinatronmikroklas II. 1382.
Kalinephelin II. 869.
Kalinit I. 3,2. 4487. 4490.
Kalinitrat I. 3,1. 2711.
Kalioalunit E. 241.
Kaliocarnotit E. 241.
Kaliophilit II. 869.
Kaliophyllit I. 4,2. 728.
Kaliorthoklas II. 1418.
Kaliphit I. 2. 2046.
Kalisalpeter I. 3,1. 2677. 2707.
Kalithomsonit E. 241.
Kaliumaluminiumsulfat-Dodekahydrat I. 3,2. 4490.
Kaliumammoniumsulfat I. 3,2. 3664.
Kaliumastrachanit I. 3,2. 4469.
Kaliumautunit I. 4,2. 977.
Kaliumbicarbonat I. 3,1. 2750. 2752.
Kaliumbleisulfat I. 3,2. 3730.
Kaliumcalciummagnesiumsulfat-Dihydrat I. 3,2. 4477.
Kaliumcalciumsulfat-Monohydrat I. 3,2. 4449.
Kaliumcarbonat-Hemitrihydrat I.3,1.2754.
Kaliumcarbonat-Trihydrat I. 3,1. 2753.
Kaliumchlorid I. 2. 2242.
Kaliumchromat I. 3,2. 3662.
Kaliumcuprisulfat - Hexahydrat I. 3,2. 4475.
Kalium-Eisenchlorür I. 2. 2499.
Kaliumfluorid I. 2. 2488.
Kaliumhexafluoroaluminat I. 2. 2524.
Kaliumhexafluorogermanat I. 2. 2563.
Kaliumhexafluoromanganit I. 2. 2563.
Kaliumhexafluorosilicat I. 2. 2563.
Kaliumhexafluorozirkoniat I. 2. 2563.
Kaliumhexoltrialuminiumdisulfat I. 3,2. 4180.
Kaliumkryolith I. 2. 2524.
Kaliummagnesiumchlorid I. 2. 2361.
Kaliummagnesiumsulfat I. 3,2. 3721.
Kaliummagnesiumsulfat-Hexahydrat I. 3,2. 4471.
Kaliummagnesiumsulfat-Tetrahydrat I. 3,2. 4469.
Kaliummanganosulfat I. 3,2. 3729.
Kaliumnatriumcarbonat I. 3,1. 2754.
Kaliumnatrimsulfat I. 3,2. 3657.
Kaliumnitrat I. 3,1. 2707.
Kaliumpentacalciumsulfat I. 3,2. 4455.
Kaliumsesquicarbonat I. 3,1. 2754.
Kaliumsilicumfluorid I. 2. 2563.
Kaliumsulfat I. 3,2. 3657. 3662.
Kaliumtrichloromagnesiat-Hexahydrat I. 2. 2361.
Kaliumtrichloromanganoat-Dihydrat I. 2. 2491.
Kaliumtrinatriumcarbonat-Dodekahydrat I. 3,1. 2754.
Kalk, arseniksaurer I. 4,2. 780.
Kalk, flußsaurer I. 2. 2420.
Kalk, jodsaurer I. 3,1. 2745.
Kalk, kohlengesäuerter prismatischer I. 3,1. 2991.

Kalk, kohlensaurer kieseliger I. 3,1. 3015.
Kalk, luftsaurer I. 3,1. 2991.
Kalk, salzsaurer wasserhaltiger I. 3,2. 3765.
Kalkautunit I. 4,2. 977.
Kalkbaryt I. 3,2. 3829. 3886.
Kalkcancrinit II. 882.
Kalkchabasit II. 1787.
Kalkchromgranat II. 80.
Kalkeisenaugit = Hedenbergit II. 960.
Kalkeisencordierit E. 241.
Kalkeisengranat I. 4,2. 1164; II. 81.
Kalkeisenolivin E. 242.
Kalkeisenstein I. 2. 2015. 2016.
Kalke, talkhaltige I. 3,1. 3298.
Kalkfeldspat II. 1537.
Kalkgattungen, luftsaure I. 3,1. 2898.
Kalkglimmer II. 649.
Kalkguhr I. 2. 1507; I. 3,1. 2824.
Kalkhaloid, brachytypes I. 3,1. 3127.
Kalkhaloid, paratomes I. 3,1. 3299.
Kalkhaloid, rhomboedrisches I. 3,1. 2898.
Kalkharmotom II. 1802.
Kalkklinoenstatit, -Bronzit, -Hypersthen E. 242.
Kalkkreuzstein II. 1802.
Kalklabrador II. 1521. 1570.
Kalkmanganspat I. 3,1. 2951.
Kalkmejonit II. 1548. 1574.
Kalkmesotyp II. 1684.
Kalknatronfeldspat II. 1430.
Kalknatronkatapleït II. 1603.
Kalkoligoklas II. 1482. 1520.
Kalkolivin II. 8.
Kalkowskyn E. 242.
Kalksalpeter I. 3,1. 2677. 2732.
Kalksandstein I. 2. 1318.
Kalkschwerspat I. 3,2. 3824.
Kalksilicat, hexagonal II. 1015.
Kalksinter I. 3,1. 2895.
Kalkspat I. 3,1. 2809. 3112.
Kalkspessartit E. 243.
Kalkstein I. 3,1. 2895.
Kalkstein, excentrischer I. 3,1. 2990. 3031.
Kalkstein, faseriger I. 3,1. 2895.
Kalkstein, spatig I. 3,1. 2895.
Kalktongranat II. 51.
Kalktrisilicat II. 1011.
Kalktuff I. 3,1. 2895.
Kalkuranit I. 4,2. 977. 979.
Kalkuranglimmer I. 4,2. 972. 979.
Kalkvolborthit I. 4,1. 677.
Kalkwavellit I. 4,2. 905. 1152.
Kallais I. 4,2. 945. 1282.
Kallait I. 4,2. 945.
Kallilith I. 1. 796.
Kallochrom I. 3,2. 4025.
Kalomel I. 2. 2332.
Kaltschedan I. 1. 758.
Kaluszit I. 3,2. 4449.
Kalyptolith I. 2. 1663.
Kamacit I. 1. 156. 183.
Kamarezit E. 243; I. 3,2. 4385. 4387.
Kameen I. 2. 1471.
Kammkies I. 1. 816. 722.
Kampherharz I. 4,2. 1417.
Kampylit I. 4,1. 488. 604.
Kanbarait E. 244.
Kaneit I. 1. 549.
Kaneelstein II. 51.
Kann I. 2. 2469.
Kanonenspat I. 3,1. 2895.
Kaolin II. 833.
Kaolingruppe II. 827.
Kapnikit II. 1155.
Kappenquarz I. 2. 1351.
Karabe I. 4,2. 1383.
Karaktergold I. 1. 884.
Karandasch I. 2. 2065.
Kårarfveit I. 4,1. 316. 337.
Karat I. 1. 15. 16.
Karbonat I. 1. 4.
Karelinit I. 1. 1206.
Karfunkel I. 2. 1636.
Karinthin II. 1201.
Karminspat I. 4,1. 387.
Karneol I. 2. 1469.
Karpholith II. 368.
Karphosiderit I. 3,2. 4396. 4412. 4431; I. 4,2. 723.
Karphostilbit II. 1665.
Karstenit I. 3,2. 3766.
Karuba I. 4,2. 1383.
Karyinit I. 4,1. 206. 218.
Karyocerit II. 440.
Karyopilit II. 1161.
Karystiolit E. 244.
Kascholong I. 2. 1506.
Kasolit E. 244.
Kassiteriden I. 2. 1697.
Kassiterit I. 2. 1678.
Kassiterolamprit I. 1. 1191.
Kastor II. 1592. 1330.
Katangit E. 245.
Katapleït II. 1603.
Kataspilit II. 633. 640.
Katharit E. 246.
Katoptrit E. 246.
Katroncza I. 1. 249.
Katzenauge I. 2. 1348.
Katzenauge, ceylonisches I. 2. 1348.
Katzenauge, occidentalisches I. 2. 1348.
Katzenauge, orientalisches I. 2. 1348.
Katzenauge, unarisches I. 2. 1348.
Katzensaphir I. 2. 1750.
Katzensilber II. 520.
Kauaiit E. 247.
Kaulstein I. 2. 2011.
Kauruntaka I. 2. 1748.
Kausimkies I. 1. 818.
Kawa-Kawa II. 1199. 1248.
Kayserit E. 247.
Keatingine II. 1163.

Keatingit II. 1163.
Keeleyit E. 248.
Keffekil II. 852.
Keffekilit II. 852.
Kehoeit I. 4,2. 898. 965.
Kehrsalpeter I. 3,1. 2733.
Keilhauit II. 1615. 1632.
Kelyphit I. 4,1. 70; II. 63.
Kempit E. 249.
Kendebal I. 4,2. 1362.
Kenngottit I. 1. 988.
Kenotim I. 4,1. 254.
Kentrolith II. 406.
Kentrolithgruppe II. 406.
Kentsmithit E. 249.
Keramohalit I. 3,2. 4395. 4404. 4508.
Keraphyllit II. 1202.
Kerargyre I. 2. 2283.
Kerargyrit I. 2. 2277. 2285.
Kerasin I. 2. 2625; I. 3,1. 3457.
Kerat I. 2. 2283.
Kermes I. 1. 1203.
Kermesit I. 1. 1201. 1203.
Kernit E. 249.
Kerolith II. 800.
Kerrit II. 699. 724.
Kerstenit I. 1. 804; I. 3,1. 3537; I. 3,2. 4007; I. 4,2. 1186.
Kertschenit, α- I. 4,2. 1234. 1247. 1248.
Kertschenit, β- I. 4,2. 1234. 1247. 1249.
Kerzinit E. 252.
Keweenawit E. 252.
Khakassit E. 253.
Kibdelophan I. 2. 1853. 1860.
Kies I. 1. 722.
Kies, arsenikalischer I. 1. 835.
Kies, weißer I. 1. 818. 835.
Kiesbälle I. 1. 722.
Kieselaluminit II. 1829.
Kieseleisenstein I. 1. 794.
Kieselgalmei II. 1317.
Kieselgestein, oolithisches I. 2. 1346.
Kieselgips I. 3,2. 3766.
Kieselglas I. 2. 1350. 1346.
Kieselguhr I. 2. 1507.
Kieselkupfer II. 460. 461.
Kieselmalachit II. 461.
Kieselmangan II. 1155.
Kieselmehl I. 2. 1507.
Kieseloolith I. 2. 1421. 1436. 1525.
Kieselpisolith I. 2. 1373. 1375.
Kieselsäure, gelatinöse I. 2. 1392.
Kieselschiefer I. 2. 1475. 1479. 1346.
Kieselsinter I. 2. 1506.
Kieselspat II. 1355. 1469.
Kieseltuff I. 2. 1506.
Kieselwismut I. 4,2. 1161; II. 45.
Kieselwismutgruppe II. 43.
Kieselzinkerz II. 1313. 1317.
Kieselzinkspat II. 1316.
Kieserit I. 2. 2156; I. 3,2. 4324.
Kieseritstein I. 3,2. 4328.
Kietyöit E. 253.
Kievit E. 253.
Kilbas I. 2. 1697.
Kilbreckanit E. 253.
Kilbrickenit I. 1. 1163.
Killinit II. 633. 640.
Kilmacooit I. 1. 501.
Kimberlit I. 1. 36.
Kimitotantalit I. 4,1. 433.
Kimolit II. 1828.
Kinradit E. 253.
Kinzigit II. 73.
Kipushit I. 4,2. 862. 894. 1091.
Kir I. 4,2. 1366.
Kirrolith I. 4,2. 1125. 1136.
Kirwanit II. 1220.
Kis I. 1. 722.
Kiscellit E. 253.
Kischtim-Parisit I. 3,1. 3418.
Kischtimit I. 3,1. 3418.
Kjerulfin I. 4,1. 693.
Klapperstein I. 2. 2015.
Klaprothin I. 4,2. 1130.
Klaprothit I. 1. 1023. 1138; I. 4,2. 1130.
Klaprotholith I. 1. 1023.
Klebelsbergit E. 254.
Klebschiefer I. 2. 1507.
Kleinit I. 2. 2612. 2616.
Klementit II. 739.
Kliachit I. 2. 1954.
Klinaugit E. 254.
Klinoamphibol E. 254.
Klinoaugit E. 254.
Klinochlor II. 680. 688.
Klinoëdrit I. 1. 1085.
Klinoenstatit E. 254.
Klinoenstenit E. 257.
Klinohumit II. 374. 392.
Klinoklas I. 4,2. 1093. 1103.
Klinokrozit I. 3,2. 4519.
Klinoolivin E. 257.
Klinophäit I. 3,2. 4515. 4519.
Klinoptilolith E. 257.
Klinopyroxen E. 257.
Klinozoisit E. 258.
Klipsteinit II. 1157.
Kljakit E. 264.
Klockmannit E. 264.
Knebelit II. 28.
Knistersalz I. 1. 2146. 2151. 2194.
Knollenstein I. 2. 1364. 1506.
Knollit E. 265.
Knopit II. 1649.
Knotenerz. I. 1. 471.
Knoxvillit I. 3,2. 4514.
Kobaltarsenikkies I. 1. 862.
Kobaltarsenkies I. I. 861.
Kobaltautunit I. 4,2. 977.
Kobaltbleierz I. 1. 517.
Kobaltbleiglanz I. 1, 517.
Kobaltblüte I. 4,2. 1259.
Kobaltchlorür I. 2. 2359. 2495

Kobaltdichlorid-Hexahydrat I. 2. 2495.
Kobaltdichlorid-Tetrahydrat I. 2. 2495.
Kobaltfahlerz I. 1. 1088.
Kobaltfluorür I. 2. 2495.
Kobaltglanz I. 1. 771. 773.
Kobaltin I. 1. 773.
Kobaltit I. 1. 773.
Kobaltkies I. 1. 959. 960. 773.
Kobaltmanganerz I. 3,1. 3608.
Kobaltmulin I. 3,1. 3608.
Kobaltnickelkies I. 1. 959. 961.
Kobaltnickeloxydhydrat I. 2. 2097.
Kobaltnickelpyrit E. 265.
Kobaltocalcit I. 3,1. 2896. 2952.
Kobaltomenit I. 3,1. 3537.
Kobaltosulfat-Heptahydrat I. 3,2. 4367.
Kobaltoxydul I. 2. 1891.
Kobaltpyrit E. 265.
Kobaltsmithsonit E. 265.
Kobaltspat I. 3,1. 2809. 3112. 3249.
Kobaltspiegel I. 1. 802.
Kobaltvitriol I. 3,2. 4367.
Kobaltwismuterz I. 1. 804.
Kobaltwismutfahlerz I. 1. 1088.
Kobellit I. 1. 1032. 1139.
Kobold I. 1. 772.
Kobold-Jord, svart I. 3,1. 3608.
Koboldin I. 1. 961.
Kobolterz I. 1. 772. 799.
Koboltglanz I. 1. 772. 799.
Koboltmalm I. 1. 772.
Kochelit I. 4,1. 388. 390.
Kochenit E. 265.
Kochit E. 265.
Kochsalz I. 2. 2101. 2149.
Koechlinit E. 266.
Koehlerit I. 3,1. 3538.
Koenenit I. 2. 2569. 2571.
Köflachit I. 4,2. 1397. 1415.
Kölbingit II. 1269.
Kölnische Umbra II. 848.
Königin I. 3,2. 4212. 4215.
Könleinit I. 4,2. 1340. 1371.
Körnerschnee I. 2. 1221.
Köttigit I. 4,2. 1235. 1271.
Kohaku I. 4,2. 1383.
Kohinoor (Diamant) I. 1. 18.
Kohle I. 1. 68.
Kohlenblende I. 1. 68.
Kohleneisenstein I. 3,1. 3161.
Kohlengalmei I. 3,1. 3227. 3231; II. 1317.
Kohlenquarz I. 2. 1469.
Kohlenstoffs, Gruppe des I. 1. 3.
Kohlenvitriolbleispat I. 3,2. 4228.
Kokkolith II. 1032.
Kokscharowit II. 1196. 1226.
Kolbeckin E. 268.
Kolbeckit E. 268.
Kollophan I. 4,2. 1021. 1032. 1206.
Kollyrit II. 1828. 1829.
Kolophoniumblende I. 1. 558.
Kolophonit II. 82. 88. 90. 297.
Kolosurukit I. 3,2. 4197.
Kolovratit I. 4,2. 1022. 1088.
Kolyb-tasch E. 268.
Komarit II. 806.
Konarit II. 806.
Kongsbergit I. 1. 323. 324.
Konichalcit I. 4,2. 862. 1091.
Koninckit I. 4,2. 1274. 1307.
Konit I. 3,1. 3299.
Kopal, fossiler I. 4,2. 1393.
Kopalit I. 4,2. 1393.
Koppar, Lasur I. 3,1. 3391.
Koppargrün I. 3,1. 3362.
Kopper I. 1. 199.
Koppit I. 4,1. 391. 401.
Korallenachat I. 2. 1472.
Korallenerz I. 1. 672. 681.
Kordylit I. 3,1. 3411. 3441.
Koribronce I. 1. 1198.
Korkit I. 4,2. 721. 729.
Kornelit I. 3,2. 4402.
Kornerupin II. 432.
Korund I. 2. 1739. 1749.
Korund-Eisenglanz-Gruppe I. 2. 1739.
Korundophilit II. 684. 688. 721. 724.
Korundpegmatit I. 2. 1758.
Korundsyenit I. 2. 1758.
Korynit I. 1. 787; I. 4,1. 219.
Kosmochlor E. 269.
Kossmatit E. 270.
Kotsalz I. 2. 2194.
Kotschubeyit II. 681. 688. 718. 723.
Koupholith II. 475. 482.
Kottonerz I. 1. 884.
Krablit II. 1397.
Kraflit II. 1397.
Kramerit E. 270.
Krantzit I. 4,2. 1397. 1399.
Krauerit I. 4,2. 1121.
Kraurit I. 4,2. 899. 1112. 1117.
Krausit E. 272.
Kreide I. 3,1. 2895; I. 3,2. 4294.
Kreisachat I. 2. 1472.
Kreittonit I. 4,1. 27. 28.
Kremersit I. 2. 2503.
Krennerit I. 1. 885. 896.
Kreuzbergit I. 4,2. 898. 955.
Kreuzstein II. 1794.
Kristall, isländischer I. 3,1. 2895.
Kristalleisen I. 1. 191.
Krisuvigit I. 3,2. 4216.
Kröberit I. 1. 655.
Kröhnkit I. 3,2. 4448. 4455.
Krötenauge I. 2. 1699.
Krokalith II. 1688.
Krokoisit I. 3,2. 4025.
Krokoit I. 3,2. 4012.
Krokydolith II. 1265.
Kropfsalz I. 2. 2175. 2192.
Krugit I. 3,2. 4480. 4484.
Krusteneis I. 2. 1221.
Kryolith I. 2. 2507. 2511.

Kryolithionit I. 2. 2525.
Kryophiolith I. 4,1. 695.
Kryophyllit II. 587. 588. 590.
Kryptohalit I. 2. 2267. 2563. 2564.
Kryptoklas E. 273.
Kryptolin II. 111.
Kryptolith I. 4,1. 315.
Kryptomorphit I. 4,1. 165.
Kryptoperthit II. 1360. 1394.
Kryptosiderit I. 1. 161.
Kryptotil II. 432.
Ktypeit I. 3,1. 2884. 3005. 3021.
Kubeit E. 273.
Kubizit II. 1714.
Kuboit II. 1714. 1721.
Kuboïzit II. 1772.
Kuckersit E. 273.
Küchensalz I. 2. 2149.
Kühnit I. 4,1. 210.
Küstelit I. 2. 233.
Kugel-Binnit I. 1. 1001.
Kugelerz I. 1. 672.
Kugeljaspis I. 2. 1476. 1479.
Kulibinit II. 1087.
Kundait E. 273.
Kunzit E. 273.
Kupfer I. 1. 197.
Kupfer, salzsaures I. 2. 2576.
Kupferantimonglanz I. I. 992. 993.
Kupferarseniat I, 4,2. 1105.
Kupferarseniat, oktaedrisches I. 4,2. 954.
Kupferautunit I. 4,2. 977.
Kupferblau II. 461. 462. 465.
Kupferbleiglanz I. 1. 513.
Kupferbleispat I. 3,2. 4207.
Kupferbleispat, prismatischer I. 3,2. 4255.
Kupferbleivitriol I. 3,2. 4207.
Kupferblende I. 1. 1086. 1093.
Kupferblüte I. 2. 1903. 1905.
Kupferbraun I. 2. 1904. 2012.
Kupferbräune I. 2. 1903.
Kupferchlorid I. 2. 2601.
Kupferchlür I. 2. 2328.
Kupferdiaspor I. 4,2. 1099.
Kupfererz, arseniksaures I. 4,1. 653.
Kupfererz, salzsaures I. 2. 2576.
Kupferfahlerz I. 1. 1085.
Kupferfedererz I. 2. 1903.
Kupfergewächs I. 2. 1903.
Kupferglanz I. 1. 522. 524.
Kupferglanzgruppe I. 1. 522.
Kupferglas I. 1. 523.
Kupferglas, blaues I. 1. 661.
Kupferglas, buntes I. 1. 904.
Kupferglas, rotes I. 2. 1903.
Kupferglas, schwarzes I. 2. 1903.
Kupferglas, violettes I. 1. 904.
Kupferglaserz I. 1. 523.
Kupferglimmer I. 4,2. 890.
Kupfergrün I. 4,2. 1099; II. 461.
Kupferhaloide, Gruppe der I. 2. 2321.
Kupferhornerz I. 2. 2576.
Kupferindig I. 1. 660.
Kupferjodür I. 2. 2324. 2327.
Kupferkies I. 1. 919. 922.
Kupferkiesgruppe I. 1. 902.
Kupferkis I. 1. 721.
Kupferkniest I. 1. 924.
Kupferlasur I. 1. 904. I. 3,1. 3369.
Kupfer-Lazul I. 1. 904.
Kupferlazurerz I. 1. 904.
Kupferlebererz I. 1. 904; I. 2. 1903. 1904.
Kupfermanganerz I. 3,1. 3598.
Kupfermanganschwärze I. 2. 1922.
Kupfermulm I. 2. 1903. 1922.
Kupfernickel I. 1. 615. 800.
Kupfernickel, weißer I. 1. 800.
Kupferocker I. 2. 1903. 1922.
Kupferoxychloride, Gruppe der I. 2. 2572.
Kupferoxyd I. 2. 1920.
Kupferoxyde, Gruppe der I. 2. 1901.
Kupferoxydul I. 2. 1901. 1904.
Kupferpecherz I. 2. 1903. 1904. 2015; II. 462.
Kupferphosphat I. 4,2. 1099.
Kupferrot I. 2. 1904.
Kupfersand I. 2. 2576.
Kupferschaum I. 4,2. 1075.
Kupferschiefer I. 1. 524. 526.
Kupferschwärze I. 2. 1920. 1921; I. 3,1. 3598. 3608.
Kupfersilberglanz I. 1. 540.
Kupfersmaragd II. 455.
Kupfersulfantimoniat I. 1. 1106.
Kupfersulfat I. 3,2. 4007.
Kupfersulfat-Heptahydrat I. 3,2. 4369.
Kupfersulfobismutit I. 1. 977.
Kupferuranglimmer I. 4,2. 984.
Kupfervitriol I. 3,2. 4376.
Kupferwismuterz I. 1. 1023. 1120.
Kupferwismutglanz I. 1. 997.
Kupferziegelerz I. 2. 1903.
Kupferzinkblüte I. 3,1. 3396.
Kupfferit II. 1182. 1196. 1226.
Kuphit II. 1654.
Kuphonglimmer, rhomboëdrischer I. 2. 2080.
Kuphonspat II. 1654.
Kurskit I. 4,2. 1021. 1027; E. 276.
Kutnohorit I. 3,1. 3299. 3311. 3337.
Kyanit II. 153.
Kylindrit I. 1. 1199.
Kymatin II. 1194. 1208.
Kyrosit I. 1. 819. 823.
Kyschtimit I. 2. 1758.

Labrador II. 1506. 1355.
Labrador-Bytownit II. 1513
Labradorit II. 1428. 1506.
Labradorstein II. 1353.

Lacroisit I. 3,1. 3203. 3215. 3219.
Lacroixit I. 4,2. 898. 961.
Ladin I. 1. 137.
Lagenquarz I. 2. 1346.
Lagonit I. 4,1. 130. 140.
Lagoriolith E. 276.
Lake-Salt 1. 2. 2151.
Lambertit E. 276.
Lampadit I. 3,1. 3598. 3608.
Lamprit I. 1. 157. 192.
Lamprophan I. 3,2. 4540.
Lamprophyllit E. 277.
Lamprostibian E. 279.
Lanarkit I. 3,2. 4225.
Lancasterit I. 3,1. 3517. 3520.
Landerit E. 279.
Landesit I. 4,2. 897. 935.
Landevanit E. 279.
Landschaftsachat I. 2. 1472.
Laneit E. 279.
Langbanit II. 445.
Langbeinit I. 3,2. 3698. 3721.
Langit I. 3,2. 4385.
Langsfordit I. 3,1. 3469. 3482.
Lanthanit I. 3,1. 3412. 3495.
Lanthanocerit II. 1328.
Lanthanum, crystallized carbonate of I. 3,1. 3499.
Laphamit I. 1. 157.
Lapis armenicus I. 3,1. 3391.
Lapis bononiensis I. 3,2. 3823.
Lapis bononiensis in obscuro lucens I. 3,2. 3823.
Lapis calcareus I. 3,1. 2895.
Lapis Lazuli II. 909.
Lapis specularis I. 3,2. 4295.
Lapparentit E. 280.
Lardellerit I. 4,1. 130. 187.
Lardit II. 829.
Larnit E. 280.
Larsenit E. 281.
Lasionit I. 4,2. 905.
Lassallit E. 282.
Lassolatit I. 2. 1521.
Lasur I. 3,1. 3391.
Lasur-Apatit I. 4,1. 515.
Lasur-Feldspat II. 1399.
Lasurit I. 3,1. 3391; II. 909.
Lasurit-Lasurstein II. 913.
Lasurmalachit, diplogener I. 3,2. 4207.
Lasuroligoklas E. 282.
Lasurquarz I. 2. 1349.
Lasurstein II. 909.
Lasurstein, unechter I. 4,2. 1130.
Laterit I. 2. 1955.
Lateritoidgruppe I. 3,1. 3631.
Latialith II. 897.
Latrobit II. 1537. 1547. 1543.
Laubanit II. 1727.
Laumonit II. 1671.
Laumontit II. 1670.
Laurionit 1. 2. 2632. 2634.
Laurit I. 1. 814.
Lausenit E. 282.
Lautarit I. 3,1. 2744.
Lautit I. 1. 882.
Lave alterée aluminifère I. 3,2. 4184.
Lavendulan I. 4,2. 1201. 1215.
Låvenit II. 1140. 1142.
Lavezstein II. 817.
Lavora I. 2. 2019. 2048.
Lawrencit I. 2. 2492.
Lawrowit II. 1086.
Lawsonit E. 283.
Laxmanit I. 3,2. 4258.
Lazulit I. 4,2. 1129; II. 912.
Lazulit, spanischer II. 922.
Lazulith I. 4,2. 1125. 1126.
Lead I. 1. 333.
Lead, arsenate of I. 4,1. 598.
Lead, corneous I. 3,1. 3457.
Lead, cupreous sulphate of I. 3,2. 4207.
Lead, cupreous sulphatocarbonate of I. 3,2. 4255.
Lead, phosphate of I. 4,1. 580.
Lead, subsesquichromate of I. 3,2. 4233.
Lead, sulphatocarbonate of I. 3,2. 4227.
Lead, sulphatotricarbonate of I. 3,2. 4250.
Lead ore, green I. 4,1. 580. 598.
Lead ore, brown I. 4,1. 580.
Lead spar, red I. 3,2. 4025.
Leadhillit I. 3,2. 4243.
Leberbeschlag I. 2. 1903.
Leberblende I. 1. 559. 595. 1207.
Lebereisenerz I. 1. 722.
Lebererz I. 1. 672. 681. 818; I. 2. 1904; I. 3,1. 3063.
Lebergebirge I. 2. 2155.
Leberkies I. 1. 818. 630. 722.
Leberopal I. 2. 1505.
Leberschlag I. 1. 722. 904; I. 2. 1903.
Lechatelierit E. 286.
Lechedor I. 2. 2275.
Lechosos I. 2. 1530.
Lecontit I. 3,2. 4261. 4263.
Ledererit II. 1788.
Lederit II. 1616. 1635.
Ledouxit E. 287.
Leesbergit I. 3,1. 3299. 3332. 3341.
Lefkasbest E. 287.
Legrandit E. 288.
Lehiit I. 4,2. 897. 940. 1091.
Lehm II. 848.
Lehmannit I. 3,2. 4025.
Lehnerit I. 4,2. 862. 872.
Lehuntit II. 1691.
Leidyit II. 760.
Leifit E. 288.
Lemanit II. 1199.
Lengenbachit E. 289.
Lennilith II. 753. 1402.
Lenzin II. 1827.
Lenzinit II. 1827.

Leonhardit II. 1671.
Leonit I. 3,2. 4449. 4469.
Leopardit II. 1401.
Leopoldit I. 2. 2231. 2242.
Lepidochlorit II. 699.
Lepidokrokit I. 2. 1991. 1994.
Lepidolamprit I. 1. 1197. 1198.
Lepidolith II. 521. 592.
Lepidomelan II. 523. 528. 549. 569.
Lepidomorphit II. 608. 612.
Lepidophäit I. 3,1. 3598. 3611.
Lepolith II. 1537. 1545.
Lepor II. 400.
Leptochlorite II. 733.
Lerbachit I. 1. 520.
Lernilith II. 753.
Lesleyit II. 643.
Lessingit E. 290.
Letovicit E. 290.
Letterze I. 2. 2017.
Lettsomit I. 3,2. 4534. 4537.
Leucaugit II. 1037.
Leuchtenbergit II. 679. 688. 717.
Leuchtstein I. 3,2. 3765.
Leuchstein, Bologneser I. 3,2. 3859.
Leucit II. 1296.
Leucolite II. 1556.
Leucomanganit I. 4,2. 1210.
Leucosaphirus I. 2. 1747.
Leukargyrit I. 1. 1086.
Leukaugit II. 1037.
Leukocyklit II. 1733.
Leukochalcit I. 4,2. 862. 866. 1091.
Leukoglaucit E. 291.
Leukolith II. 1296. 1556.
Leukopetrin I. 4,2. 1445.
Leukopetrit I. 4,2. 1444. 1445.
Leukophan II. 944.
Leukophangruppe II. 944.
Leukophlogit I. 2. 1540.
Leukophönizit E. 291.
Leukophosphit E. 292.
Leukophyllit II. 608. 617.
Leukopyrit I. 1. 867. 723.
Leukosaphir I. 2. 1750.
Leukosphenit E. 293.
Leukotil II. 795.
Leukoxen II. 1616.
Leviglianit I. 1. 706.
Levistonit I. 4,2. 1021. 1036.
Levyn II. 1790. 1773.
Levynit II. 1790.
Lewisit E. 294.
Lewistonit I. 4,2. 1036.
Lherzolith II. 14.
Libethenit I. 4,1. 633. 635.
Libollit I. 4,2. 1428. 1431.
Licteria = Llicteria I. 1. 1198.
Liebenerit II. 871. 633.
Liebespfeile I. 2. 1418. 1994.
Liebigit I. 3,1. 3469. 3507.
Lievrit II. 399.
Liga I. 1. 1198.
Lignit I. 1. 68.
Ligurit II. 1616. 1629.
Lilalith II. 521.
Lillhammerit I. 1. 656.
Lillianit I. 1. 1139.
Lillit II. 759.
Limbachit II. 795.
Limbilit II. 21.
Lime, arsenate of I. 4,2. 780.
Limnit I. 2. 2013.
Limonit I. 2. 2008. 2011. 2012.
Linarit I. 3,2. 4205.
Lincolnit II. 1758.
Lindackerit I. 4,2. 1022. 1080.
Lindesit E. 295.
Lindsayit II. 1537. 1546.
Lindseït II. 1546.
Lindstein I. 2. 2011.
Lindströmit E. 295.
Linnéit I. 1. 959. 961.
Linnéitgruppe I. 1. 957.
Linosit E. 296.
Linseit II. 1546.
Linsenerz I. 4,2. 953.
Lintonit II. 1666.
Lionit I. 1. 103.
Liparit I. 2. 2419; II. 826; E. 296.
Lirokonit I. 4,2. 898. 953. 1091.
Lirokonmalachit I. 4,2. 953.
Liskeardit I. 4,2. 1274. 1310.
Listwänit I. 3,1. 3299. 3326.
Litharge I. 2. 1935.
Lithargit E. 297.
Litheosphorus I. 3,2. 3823.
Lithiolit I. 4,1. 231.
Lithiomanganotriphyllit E. 297.
Lithion-Eisen-Glimmer II. 587.
Lithionglimmer II. 521. 592.
Lithionit II. 523.
Lithiophilit I. 4,1. 220. 226.
Lithiophorit I. 3,1. 3598. 3608. 3616.
Lithit II. 1594.
Lithiumamphibol E. 297.
Lithiumfluorid I. 2. 2488.
Lithiumpsilomelan I. 3,1. 3605. 3608.
Lithocolla II. 834.
Lithomarga II. 834.
Lithosiderit I. 1. 161.
Liveingit I. 1. 1145.
Livingstonit I. 1. 975.
Llanca II. 466.
Llicteria I. 1. 1198.
Llimpi I. 1. 692.
Loaisit E. 297.
Loboit II. 283. 298.
Lodranit I. 1. 161; II. 996.
Löffelkobelt I. 1. 106.
Löllingit I. 1. 865. 867.
Löschblei I. 1. 51.
Loeweit I. 3,2. 4448. 4459.
Löwigit I. 3,2. 4520. 4524.

Loganit II. 699. 721. 1231.
Logronit II. 996.
Lohestit E. 297.
Lomonit II. 1671.
Lonchidit I. 1. 818. 822. 823. 830. 831.
Loparit E. 298.
Lophoit II. 699.
Lorandit I. 1. 980; E. 298.
Loranskit E. 300.
Lorenzenit E. 301.
Lorettoit E. 302.
Loseyit E. 303.
Losit E. 303.
Lossenit I. 4,2. 728. 1022. 1078.
Lotalalith II. 1083.
Lotalit II. 1083.
Lotrit E. 303.
Louderbackit I. 3,2. 4541.
Lovtschorrit E. 304.
Loxoklas II. 1358. 1402. 1372.
Lubeckit E. 304.
Lublinit I. 3,1. 2824. 2884.
Lucasit II. 550. 572.
Luchssaphir I. 2. 1750; II. 923.
Lucianit E. 305.
Lucinit I. 4,2. 1281.
Luckit I. 3,2. 4357. 4375.
Lucullan I. 3,1. 2896. 3299.
Lucullit I. 3,1. 2896.
Ludlamit I. 4,2. 862. 870. 1091.
Ludwigit I. 4,1. 88. 93.
Lüneburgit I. 4,2. 1022. 1083.
Luftsalpeter I. 3,1. 2734.
Luigit E. 305.
Lumachell I. 3,1. 2836. 2896.
Lumpenerz I. 1. 1027.
Lunnit I. 4,2. 1093. 1098.
Lusakit E. 305.
Lusitanit E. 305.
Lussatit I. 2. 1468.
Lutecin I. 2. 1466.
Lutecit I. 2. 1465.
Luxullianit II. 348.
Luzonit I. 1. 1182.
Lydit I. 2. 1475.
Lyellit I. 3,2. 4387.
Lyncur I. 2. 1636.
Lyndochit E. 306.
Lythrodes II. 864.

Macfarlanit I. 1. 431.
Mackensit E. 306.
Mackintoshit I. 2. 1677.
Macle II. 132.
Macle en coeur I. 3,2. 4281.
Maclureït II. 370. 389. 1088.
Maconit II. 699. 724.
Mänakan I. 2. 1856.
Mafit E. 307.
Maghemit E. 308.
Magnalit E. 314.
Magnes I. 3,1. 3607; I. 4,1. 48.
Magnesia alba I. 3,1. 3516.
Magnesia carbonica I. 3,1. 3516.
Magnesia der Glasmacher I. 3,1. 3606.
Magnesia friabilis terriformis I. 3,1. 3608.
Magnesia hydrocarbonica I. 3,1. 3516.
Magnesia indurata I. 3,1. 3607.
Magnesia nigra I. 3,1. 3607.
Magnesia salis amari I. 3,1. 3516.
Magnesia solfata I. 3,2. 4343.
Magnesia, weibliche I. 3,1. 3606.
Magnesiablythit E. 316.
Magnesia–Eisen–Glimmer II. 539.
Magnesiaglimmer II. 539.
Magnesiahydrat I. 2. 2080.
Magnesian Spar I. 3,1. 3299.
Magnesiapharmakohlith I. 4,2. 780.
Magnesiasalpeter I. 3,1. 2677. 2730.
Magnesiatongranat II. 62.
Magnésie carbonatée I. 3,1. 3127.
Magnesin I. 2. 2081.
Magnesinitre I. 3,1. 2731.
Magnesioanthophyllit E. 316.
Magnesiochromit I. 4,1. 3. 68.
Magnesiocronstedtit E. 316.
Magnesioferrit I. 4,1. 3. 31.
Magnesiohastingsit E. 316.
Magnesioludwigit E. 317.
Magnesioscheelit E. 318.
Magnesiosussexit E. 318.
Magnesit I. 3,1. 2809. 3112; II. 811.
Magnesitspat I. 3,1. 3127.
Magnesium acido aereo mineralisatum I. 3,1. 3203.
Magnesiumaluminiumsulfat-Dyskaiikosihydrat I. 3,2. 4503.
Magnesiumautunit I. 4,2. 977.
Magnesiumaxinit E. 320.
Magnesiumbromid-Hexahydrat I. 2. 2361.
Magnesiumcarbonat, kobalt-nickelhaltiges I. 3,1. 3138.
Magnesiumchlorid I. 2. 2357.
Magnesiumchlorid-Hexahydrat I. 2. 2357.
Magnesiumdiopsid E. 320.
Magnesiumfluorid I. 2. 2354.
Magnesium- und Calciumhaloide, Gruppe der I. 2. 2354.
Magnesiumhausmannit I. 3,1. 3569.
Magnesiumhydroxyd I. 2. 2077. 2080.
Magnesiumnitrat I. 3,1. 2730.
Magnesiumnitrat-Hexahydrat I. 3,1. 2731.
Magnesiumorthit E. 320.
Magnesiumpektolith E. 321.
Magnesiumsulfat–Kaliumchlorid-Trihydrat I. 3,2. 4544.
Magnesiumsulfat–Kaliumsulfat I. 3,2. 3721.
Magnesiumsulfat-Heptahydrat I. 3,2. 4335.
Magnesiumsulfat-Hexahydrat I. 3,2. 4348.

Magnesiumsulfat-Natriumsulfat I. 3,2. 3698.
Magnesiumwentzelit I. 4,2. 822.
Magneteisen I. 4,1. 34.
Magneteisen, schlackiges I. 4,1. 37.
Magnetit I. 4,1. 8. 34.
Magnetkies I. 1. 627.
Magnetkiesgruppe I. 1. 627.
Magnetoilmenit E. 322.
Magnetoplumbit E. 324.
Magnetopyrit I. 1. 630.
Magnetostibian I. 4,2. 1166. 1193.
Magnoferrit I. 4,1. 33.
Magnofranklinit E. 325.
Magnolith I. 3,2. 4234.
Maitlandit E. 325.
Makensit E. 326.
Makhastein I. 2. 1472.
Makit I. 3,2. 3673. 3678.
Makrolepidolith, Mikrolepidolith E. 326.
Malachit I. 3,1. 3351. 3356.
Malachit, montomer Dystom- I. 4,2. 1102.
Malachit, diatomer Habronem I. 4,2. 1105.
Malachit, prismatischer Habronem- I. 4,2. 1099.
Malachit, zinkhaltiger I. 3,1. 3400.
Malachite, blue I. 3,1. 3391.
Malachite, green I. 3,1. 3362.
Malagnita I. 3,1. 3362.
Malakolith II. 1032.
Malakon I. 2. 1638. 1650.
Maldonit I. 1. 320.
Malinowskit I. 1. 1108.
Malladrit E. 328.
Mallardit I. 3,2. 4357.
Maltesit E. 329.
Mamanit I. 3,2. 4479.
Manaccanit I. 2. 1856.
Manandonit E. 329.
Mandelachat I. 2. 1477.
Mandelquarz I. 2. 1356.
Mangan-Amphibol II. 1157.
Mangan, erdiges I. 3,1. 3628.
Manganaise I. 2. 1727.
Manganalaun I. 3,2. 4507.
Manganalmandin E. 330.
Manganaluminiumsulfat, wasserhaltiges I. 3,2. 4508.
Manganandalusit E. 330.
Manganapatit I. 4,1. 488.
Manganautunit I. 4,2. 977.
Manganaxinit E. 332.
Manganberzeliit I. 4,1. 213.
Manganblende I. 1. 546.
Manganbrucit I. 2. 2083.
Manganchlorit II. 716.
Manganchlorür I. 2. 2489.
Mangandiaspor E. 336.
Mangandisthen II. 444.
Manganepidot II. 255. 256.
Manganerz, brachytypes I. 3,1. 3545.
Manganerz, prismatoidisches I. 3,1. 3546.
Manganerz, pyramidales I. 3,1. 3569.
Manganerz, unteilbares I. 3,1. 3607.
Manganesa, Flor de I. 3,1. 3635.
Mangnese Ore, black compact I. 3,1. 3607.
Manganese Ore, foliated black I. 3,1. 3570.
Manganese Ore, pyramidal I. 3,1. 3569.
Manganese Ore, uncleavable I. 3,1. 3607.
Manganèse oxydé carbonaté I. 3,1. 3203.
Manganèse oxydé noir brunâtre I. 3,1. 3607.
Manganfayalit II. 27.
Manganglanz I. 1. 546.
Manganglaukonit E. 337.
Mangangranat II. 67.
Mangangrandit E. 337.
Manganhedenbergit II. 1033. 1077.
Manganhydroperoxydul, gewässertes I. 3,1. 3570.
Manganhydroxyd I. 2. 1991.
Manganidokras II. 286. 293. 298.
Manganilmenit E. 337.
Manganit I. 2. 1977. 1980.
Manganite I. 3,1. 3546. 3597.
Mangan- und Eishaloide, Gruppe der I. 2. 2489.
Mangankalkankylit I. 3,1. 3533.
Mangankalkspat I. 3,1. 2951.
Mangankies I. 1. 770.
Mangankiesel I. 2. 1469; II. 1156.
Manganknollen der Tiefsee I. 3,1. 3641.
Manganneptunit E. 338.
Manganoaluminiumsulfat-Tetrakaiikosihydrat I. 3,2. 4507.
Manganobromid I. 2. 2490.
Manganobrucit E. 339.
Manganocalcit I. 3,1. 2895. 2951. 3206; II. 1729.
Manganochlorid I. 2. 2489.
Manganochloridhydrate I. 2. 2490.
Manganocker I. 2. 1991.
Manganocker, brauner I. 3,1. 3607.
Manganocolumbit I. 4,1. 439.
Manganoferrit I. 4,1. 3. 65.
Manganofluorid I. 2. 2490.
Manganohydroxyd I. 2. 2089.
Manganojodid I. 2. 2490.
Manganolangbeinit I. 3,2. 3729; E. 339.
Manganolith. II. 1156.
Mangano-Manganit I. 3,1. 3569.
Manganomossit E. 340.
Manganopektolith II. 1138.
Manganophyll II. 550. 569.
Manganosalz der manganigen Säure I. 3,1. 3543.
Manganosalz der Metakieselsäure I. 3,1. 3543.
Manganosiderit I. 3,1. 3203.

Manganosit I. 2. 1890.
Manganosphärit I. 3,1. 3187.
Maganostibiit I. 4,2. 1166. 1187.
Manganosulfat-Heptahydrat I. 3,2. 4357.
Manganosulfat-Kaliumsulfat I. 3,2. 3729.
Manganosulfat-Monohydrat I. 3,2. 4333.
Manganotantalit I. 4,1. 443. 459.
Manganowolframit I. 3,2. 4100.
Manganoxydaluminit I. 3,1. 3609.
Manganpennin II. 716.
Manganschaum I. 3,1. 3598. 3608.
Manganspat I. 3,1. 2809. 3112. 3195; II. 1155.
Manganspinell I. 4,1. 3. 30.
Manganstaurolith II. 430.
Mangansulfat I. 3,2. 3730.
Mangansumpferz I. 2. 2024.
Mangantantalit I. 4,1. 443. 456.
Mangantone I. 3,1. 3637.
Mangantongranat II. 67.
Manganvesuvian II. 286. 293. 298.
Manganwentzelit I. 4,2. 822.
Manganwiesenerz I. 2. 2024; I. 3,1. 3607.
Manganwolframat I. 3,2. 4103.
Manganzeolith II. 1730.
Mansjöit E. 340.
Marakaibostein I. 4,2. 1035.
Maranit II. 132.
Marasmolith I. 1. 588.
Marbre I. 3,1. 2895.
Marcasit I. 1. 816. 722.
Marcelin II. 1158.
Marcellin I. 3,1. 3546.
Marchasita I. 1. 722.
Marcylith I. 2. 1928. 2585. 2586.
Margarit II. 523. 649.
Margarodit II. 608. 618. 620. 623.
Margarosanit E. 341.
Marialith II. 904. 1554. 1558. 1565.
Mariatit I. 1. 586.
Marienglas I. 3,2. 4284.
Marignacit E. 343.
Marionite I. 3,1. 3353.
Mariupolit I. 2. 1652.
Markasit I. 1. 722. 816.
Marmairolith II. 1224.
Marmatit I. 1. 559.
Marmelstein I. 3,1. 2894.
Marmolith II. 767. 785.
Marmor I. 3,1. 2886. 2894. 3298.
Marmor fusareum I. 3,1. 2895.
Marmor intidum I. 3,1. 2895.
Marmor metallicum I. 3,1. 2895; I. 3,2. 3823.
Marmor rosso antico I. 3,1. 2896.
Marmor rude I. 3,1. 2895.
Marmor, Salt Creek I. 3,2. 3779.
Marmor, Stadt Oldendorfer I. 3,2. 3766. 3767.
Marmora I. 3,1. 2894.
Marmorwachs I. 4,2. 1362.
Marquashita I. 1. 721.
Marrit E. 344.
Marsjatskit E. 346.
Marshit I. 2. 2324. 2325.
Martensit I. 1. 191.
Martinit I. 4,2. 767. 817.
Martinsit I. 2. 2156; I. 3,2. 4327.
Martit I. 2. 1799. 1845.
Martourit I. 1. 1014.
Mascagnin I. 3,2. 3658.
Maskelynit II. 1525. 1312.
Masonit II. 666. 669. 675.
Masrit E. 346.
Massicot I. 2. 1934. 1935.
Massicottit I. 2. 1935.
Matara-Diamanten I. 2. 1654.
Matildit I. 1. 991.
Matlockit I. 2. 2622.
Maucherit E. 347.
Mauersalpeter I. 3,1. 2733.
Mauersalz I. 3,1. 2733.
Mauerschweiß I. 3,1. 2733.
Maufit E. 350.
Mauilith II. 1504.
Mauleonit E. 350.
Mauzelit I. 4,1. 206. 218.
Maxit I. 3,2. 4250.
Mazapilit I. 4,2. 898. 952. 1091. 1138.
Mayberyit E. 350.
Mc Governit I. 4,2. 1022. 1087. 1092.
Medjidit I. 3,2. 4445.
Meereis I. 2. 1221.
Meereseis I. 2. 1221.
Meersalz I. 2. 2149.
Meerschaluminit II. 845.
Meerschaum II. 810.
Meerstein I. 4,2. 1383.
Megabasit I. 3,2. 4103; I. 4,2. 834.
Megabromit I. 2. 2287 2302. 2305.
Mehlquarz I. 2. 1353. 1362.
Mehlzeolith II. 1684.
Meïonit II. 1554.
Meizonit II. 1557.
Mejonit II. 1554.
Melaconise I. 2. 1922.
Melakonit I. 2. 1920.
Melanargyrit I. 1. 1153.
Melanasphalt I. 4,2. 1430
Melanchym I. 4,2. 1397. 1419.
Melanellit I. 4,2. 1397. 1419. 1444. 1446.
Melanglanz I. 1. 1150. 1153.
Melanglimmer II. 743.
Melangraphit I. 1. 51.
Melanhydrit II. 848.
Melanit II. 81.
Melanocerit II. 438.
Melanoceritgruppe II. 436.
Melanochalcit E. 350.
Melanochlor I. 4,1. 230. 703.
Melanochlor-Malachit I. 3,2. 4259.
Melanochroit I. 3,2. 4232.
Melanolith II. 756.

Melanophlogit I. 2. 1538.
Melanostibian I. 4,2. 1325. 1338.
Melanotallo I. 2. 2599.
Melanotekit II. 408.
Melanothall I. 2. 2599.
Melanothallit I. 2. 2599.
Melanovanadit I. 4,2. 972. 1015. 1092.
Melanterit I. 3,2. 4357. 4359.
Melilith II. 1583. 1581.
Melinit II. 848.
Melinophan II. 950.
Meliphanit II. 950.
Melit E. 351.
Mellahit E. 351.
Mellit I. 4,2. 1340. 1346.
Mellonit I. 2. 2353.
Melnikowit E. 351.
Melnikowit-Pyrit E. 355.
Melonit I. 1. 712.
Melopsit II. 803.
Melosark E. 357.
Menaccanit I. 2. 1853. 1856.
Menacconit I. 2. 1856.
Menachanit I. 2. 1856. 1590.
Menakan I. 2. 1856.
Menakanit I. 2. 1856.
Menakeisenstein I. 2. 1857.
Mendelejevit E. 357.
Mendipit I. 2. 2625. 2622; I. 3,1. 3457.
Mendozit I. 3,2. 4487.
Meneghinit I. 1. 1148.
Mengit I. 4,1. 315. 443. 458.
Menilit I. 2.' 1505.
Mennige I. 1. 671; I. 3,1. 3563. 3586.
Mennige, verhärtete I. 3,1. 3592.
Mercurammonit I. 2. 2616.
Mercure, antimonite de I. 4,2. 842.
Mercuribromid I. 2. 2340.
Mercurichlorid I. 2. 2340.
Mercurijodid I. 2. 2342.
Mercurimercurooxychlorid I. 2. 2608.
Mercurius I. 1. 328.
Mercurochlorid I. 2. 2339. 2340.
Mercurojodid I. 2. 2339.
Mergel I. 3,1. 2895; II. 848.
Meri-kiri I. 4,2. 1383.
Merillit I. 4,2. 1021. 1031. 1092.
Merkurfahlerz I. 1. 1086.
Merkurglanz I. 1. 707.
Merkurhornerz I. 2. 2333.
Merkurkerat I. 2. 2333.
Merkurspat I. 2. 2333.
Meroxen II. 522. 528.
Merre-kiri I. 4,2. 1383.
Merwinit E. 358.
Mesabit I. 2. 2004.
Mesitin I. 3,1. 3122.
Mesitinspat I. 3,1. 3127.
Mesitit I. 3,1. 3127.
Mesodialyt E. 360.
Mesole II. 1662.
Mesolin II. 1780. 1662.
Mesolith II. 1706. 1684.
Mesosiderit I. 1. 161; II. 14. 995.
Mesotyp II. 1684.
Messelit I. 4,2. 1202. 1222.
Messingerz I. 1. 558.
Messingite I. 3,1. 3396.
Metaautunit I. 4,2. 972. 977.
Metabrushit I. 4,2. 785.
Matachalcolith E. 360.
Metachalcophyllit E. 360.
Metachlorit II. 739.
Metacinnabarit I. 1. 702.
Metacristobalit E. 361.
Metahewettit I. 4,2. 853. 858.
Metakalkuranit I. 4,2. 977.
Betakoenenit I. 2. 2571.
Metakupferuranit E. 363.
Metaleucit II. 1299.
Metalonchidit I. 1. 821.
Metanatrolith E. 363.
Metanhydrit I. 3,2. 3764.
Metanocerin I. 2. 2567.
Metaperowskit II. 1645.
Metarossit E. 363.
Metasericit II. 609. 612.
Metaskolecit II. 1700.
Metastibnit I. 1. 392,
Metasulfosalze I. 1. 974. 979.
Metathénardit I. 3,2. 3670. 3673.
Metatorbernit I. 4,2. 972. 988.
Metavariscit I. 4,2. 1281.
Metavauxit I. 4,2. 898. 967.
Metavoltin I. 3,2. 4520. 4522.
Metaxit II. 767. 774.
Metaxoit II. 767.
Meteoreisen I. 1. 152. 170.
Meteor-Gußeisen I. 1. 155.
Meteorin I. 1. 157.
Meteoriten I. 1. 153. 161. 170.
Meteor-Schmiedeeisen I. 1. 155.
Meteorstein I. 1. 161. 170.
Meyerhofferit I, 4,1. 130. 181.
Meyersit E. 364.
Meymacit I. 2. 1265.
Miargyrit I. 1. 983. 985.
Miascit II. 864.
Mica II. 520.
Mica viridis I. 4,2. 971.
Micaphilit II. 130.
Micarell II. 334. 633. 641. 1555.
Micaultlith E. 364.
Michaelit I. 2. 1506. 1528.
Michaelsonit II. 198.
Michel-Lévit I 3,2. 3823. 3879. 3887.
Middletonit I. 4,2. 1397. 1421.
Miedziankit E. 365.
Miemit I. 3,1. 3298. 3315. 3337.
Miersit I. 2. 2321.
Miesit I. 4,1. 594.
Mikrobromit I. 2. 2287. 2302. 2305.
Mikrofelsit II. 1357.
Mikroklas II. 1382.

Mikroklin II. 1332. 1357. 1359.
Mikroklin-Albit II. 1418.
Mikroklin-Albit-Perthit II. 1360.
Mikroklin-Anorthoklas II. 1423. 1424.
Mikroklin-Mikroperthit II. 1360.
Mikroklinoligoklas II. 1418.
Mikroklin-Orthoklas-Perthit II. 1360.
Mikroklinperthit II. 1360.
Mikrolepidolith E. 365.
Mikrolith I. 4,1. 391. 394.
Mikropegmatit I. 2. 1347.
Mikropertit II. 1358.
Mikrophyllit II. 1512.
Mikroplakit II. 1512.
Mikroschörlit II. 330. 836.
Mikrosommit II. 873. 875.
Mikrotin II. 1428.
Mikrovermiculit II. 836.
Milanit II. 1828.
Milarit II. 1596.
Milchopal I. 2. 1506.
Milchquarz I. 2. 1350.
Millerit I. 1. 606. 608.
Millisit I. 4,2. 897. 938.
Millosevichit I. 3,2. 4412.
Milowit E. 365.
Mimetèse I. 4,1. 598.
Mimetesit I. 4,1. 487. 595.
Mimetit I. 4,1. 598.
Minasit E. 365.
Minasragrit I. 3,2. 4446.
Mine brûlée I. 3,1. 3622.
Mine d'argent merde d'oie I. 3,1. 3624.
Mine de plomb noire I. 3.1. 3059.
Minera ferri alba spathiformis I. 3,1. 3160.
Minera plumbi alba spathosa I. 3,1. 3059.
Minera plumbi nova I. 3,2. 4024.
Minera plumbi rubra I. 3,2. 4025.
Minera plumbi viridis I. 4,1. 579.
Minera spathiforma alba, vel grisea I. 3,1. 3059.
Minera spathiforma rubra I. 3,2. 4025.
Minerai de plomb rouge I. 3,2. 4025.
Mineral, blaues aus Katanga I. 4,1. 642.
Mineral vom Weißen Meer I. 3,1. 3015; I. 3,2. 3924.
Mineral von Strontian I. 3,1. 3027.
Mineral von Tolfa I, 3,2. 4184.
Mineralalkali I. 3,1. 2780.
Mineralmoorsalz I. 3,2. 4270.
Mineral-Resin, Yellow I. 4,2. 1383.
Minervit I. 4,2. 1274. 1308.
Minette I. 2. 2015. 2016. 2025.
Minium I. 1. 671; I. 3,1. 3589.
Minium nativum I. 3,1. 3590.
Minyulit E. 365.
Mionit II. 1554.
Mirabilit I. 3,2. 4261. 4265. 4268.
Misenit I. 3,1. 3657. 3680.
Mispickel I. 1. 722. 833.
Mispickel, Cobaltic I. 1. 862.
Mistpuckel I. 1. 835.
Misy I. 3,2. 4417.
Mitchellit I. 4,1. 70.
Mitscherlichit E. 366.
Mixed ore I. 2. 1848.
Mixit I. 4,2. 898. 969.
Mizonit II. 1557.
Mizzonit II. 1554. 1557.
Mochastein I. 2. 1472. 1479.
Mochhastein I. 2. 1472.
Modderit E. 366.
Modererz I. 2. 2010.
Modumit I. 1. 880.
Moffrasit I, 4,2. 834.
Mohawkalgodonit E. 367.
Mohawkit E. 367.
Mohawkwhitneyit E. 367.
Mohr I. 1. 702.
Mohsin I. 1. 867.
Mohsit I. 2. 1857. 1868. 1885.
Moissanit E. 367.
Mokkastein I. 2. 1472.
Moldavit u. Moldovit E. 367.
Molengraaffit E. 367.
Molinera I. 3,2. 3990.
Molochit I. 3,1. 3362.
Molybdaena I. 1. 51. 411. 466.
Molybdändioxyd I. 2. 1263.
Molybdänglanz I. 1. 410.
Molybdänglanz, edler I. 1. 901.
Molybdänit I. 1. 410.
Molybdänkies I. 1. 411.
Molybdänocker I. 2. 1259. 1261.
Molybdänoxyd I. 2. 1261. 1263.
Molybdänsaures Molybdänoxyd I. 2. 1263.
Molybdänsäure I. 2. 1261.
Molybdänsäurehydrat I. 2. 1263.
Molybdänsilber I. 1. 402.
Molybdenit I. 1. 411.
Molybdin I. 2. 1261.
Molybdit I. 2. 1259. 1261.
Molybdomenit I. 3,1. 3536.
Molybdophyllit E. 368.
Molybdosodalith E. 370.
Molysit I. 2. 2500.
Monazit I. 4,1. 240. 294.
Monazitoid I. 4,1. 315.
Mond der Berge (Diamant) I. 1. 20.
Mondheimit I. 3,1. 3228.
Mondmilch I. 3,1. 2824.
Mondstein I. 3,2. 4294; II. 1353.
Monetit I. 4,1. 199; I. 4,2. 817.
Monimolit I. 4,1. 206. 215.
Monit I. 4,2. 1021. 1034. 1201. 1206.
Monoammoniumcarbonat I. 3,1. 2749.
Monokaliumcarbonat I. 3,1. 2753.
Mononatriumcarbonat I. 3,1. 2771.
Monophan II. 1763.
Monradit II. 1077.
Monrepit E. 371.

Monrolith II. 144.
Montanit I. 3,2. 4234. 4447.
Montasit E. 372.
Montebrazit I. 4,1. 623. 624.
Monticellit II. 6. 16.
Montmilch I. 3,1. 2824.
Montmorillonit II. 1829.
Montroydit I. 2. 1930.
Moonstone II. 1353.
Mooraboolit E. 372.
Mooreit E. 372.
δ-Mooreit E. 373.
Moosachat I. 2. 1472. 1479.
Morasterz I. 2. 2011.
Moraststein I. 2. 2011. 2020.
Moravit E. 373.
Mordenit II. 1824.
Morencit E. 374.
Morenosit I. 3,2. 4334. 4354.
Moresnetit II. 1326.
Morganit E. 377.
Morinit I. 4,1. 628; I. 4,2. 845. 846. 1168.
Morion I. 2. 1325.
Mornit II. 1519.
Morocochit I. 1. 991.
Moronit E. 377.
Moronolith I. 3,2. 4197. 4199.
Moroxit I. 4,1. 514.
Morvenit II. 1794.
Mosandrit II. 1140. 1147.
Mosesit I. 2. 2619.
Mossit I. 4,1. 429.
Mossotit I. 3,1. 3010. 3021.
Moth I. 2. 2049.
Mottramit I. 4,2. 1093. 1108.
Mountain cork II. 766. 1194.
Mountain Green I. 3,1. 3362.
Mountain leather II. 766. 1194.
Mountain wood II. 766. 1195.
Muckit I. 4,2. 1397. 1411.
Mühlstein I. 2. 1438.
Müllerin I. 1. 885. 449.
Müllerisches Glas I. 2. 1505.
Muellerit I. 4,2. 766; E. 377.
Müsenit I. 1. 961.
Muldan II. 1367.
Mullanit E. 377.
Mullinit I. 4,2. 1242.
Mundic I. 1. 761.
Munkforssit I. 4,2. 721. 742.
Munkrudit I. 4,2. 721. 744.
Muntenit E. 377.
Murchisonit II. 1391. 1395.
Muria I. 2. 2149.
Muriacit I. 3,2. 3765.
Murmanit E. 378.
Muromontit II. 261. 264.
Murrhinische Gefäße I. 2. 1494. 2422.
Muschelmarmor I. 3,1. 2836. 2896.
Muschketowit I. 2. 1838.
Muscovit II. 523. 599.
Musit I. 3,1. 3428.
Mussit I. 3,1. 3428; II. 1032. 86.
Mustard-Gold I. 1. 278.
Muthmannit E. 379.
Mydlarka I. 2. 2195.
Myelin II. 837.
Myrickit E. 380.

Nacrit II. 834.
Nadeleisenerz I. 2. 1991. 1994.
Nadelerz I. 1. 1137. 1138.
Nadelspat, synthetischer I. 3,1. 3103.
Nadelzeolith II. 1684.
Nadelzinnerz I. 2. 1679.
Nadorit I. 4,2. 1325. 1326.
Naegit I. 2. 1656.
Näpfchenkobelt I. 1. 106.
Nagatelith E. 380.
Nagelkalk I. 3,1. 2824.
Nagiakererz I. 1. 884.
Nagyager Erz I. 1. 884.
Nagyagit I. 1. 884. 899.
Nahcolith E. 381.
Nakrit II. 834.
Namaqualith I. 2. 2097.
Nantokit I. 2. 2328.
Napalith I. 4,2. 1340. 1372.
Naphtin E. 383.
Naphtolith E. 384.
Napoleonit E. 384.
Narsarsukit E. 384.
Nasonit E. 386.
Nassak (Diamant) I. 1. 20.
Nasturan I. 3,2. 4159.
Natramblygonit I. 4,1. 630.
Natrikalit I. 2. 2207.
Natrit I. 3,1. 2778. 2781. 3469.
Natriumaluminiumsulfat-Dodekahydrat I. 3,2. 4487.
Natriumammoniumarsenat I. 4,2. 757. 762.
Natriumammoniumphosphat I. 4,2. 761.
Natriumammoniumsulfat-Dihydrat I. 3,2. 4263.
Natriumautunit I. 4,2. 977.
Natriumbicarbonat I. 3,1. 2771.
Natriumcalciumcarbonat I. 3,1. 2789.
Natriumcalciumcarbonat-Dihydrat I. 3,1. 2787.
Natriumcalciumcarbonat-Pentahydrat I. 3,1. 2790.
Natrium-Calcium-Mangan-Eisenphosphat, wasserhaltiges I. 4,2. 1204.
Natrium-Calcium-Manganphosphat, wasserhaltiges I. 4,2. 1202.
Natriumcalciumsulfat I. 3,2. 3702.
Natriumcarbonat-Dekahydrat I. 3,1. 2778.
Natriumcarbonat Hemipentahydrat I. 3,1. 2777.
Natriumcarbonat-Heptahydrat I. 3,1. 2777.
Natriumcarbonat-Monohydrat I. 3,1. 2772.
Natriumchlorid I. 2. 2101.

Natriumchloriddihydrat I. 2. 2230.
Natriumcuprihydroxysulfat-Dihydrat I. 3,2. 4486.
Natriumdihydroxyaluminiumcarbonat I. 3,1. 2806.
Natriumferrihydroxysulfat-Trihydrat I. 3,2. 4520.
Natriumfluorid I. 2. 2487.
Natriumhexafluoroaluminat I. 2. 2524.
Natriumhexafluorosilicat I. 2. 2563.
Natriumhexafluorotitanat I. 2. 2563.
Natriumhydrocarbonat I. 3,1. 2771.
Natriumkaliumcarbonat I. 3,1. 2754.
Natriumkaliumsulfat I. 3,2. 3657.
Natriumkupfersulfat-Dihydrat I. 3,2. 4455.
Natriummagnesiumcarbonat I. 3,1. 2803.
Natriummagnesiumchlorocarbonat I. 3,1. 2801.
Natriummagnesiumsulfat I. 3,2. 3698.
Natriummagnesiumsulfat-Dihydrat I. 3,2. 4459.
Natriummagnesiumsulfat-Tetrahydrat I. 3,2. 4461.
Natriumnitrat I. 3,1. 2677.
Natriumsulfat I. 3,2. 3665.
Natriumsulfatchlorid, neues I. 3,2. 4235.
Natriumsulfat-Dekahydrat I. 3,2. 4265.
Natriumsulfat-Natriummagnesiumcarbonat I. 3,1. 2804.
Natroalunit I. 3,2. 4179. 4189; I. 4,2. 723.
Natrocalcit I. 3,1. 2790. 2792.
Natrocalcite I. 3,1. 2798.
Natrochalcit I. 3,2. 4449. 4486.
Natrodavyn E. 388.
Natrojarosit I. 3,2. 4179. 4201; I. 4,2. 723. 1116.
Natrolith II. 1680. 1684.
Natromontebrasit E. 390.
Natron I. 3,1. 2733. 2757. 2778.
Natron- und Kalksulfat, doppeltes I. 3,2. 3716.
Natron, kohlensaures I. 3,1. 2758.
Natron, prismatisches I. 3,1. 2758.
Natron, salpetersaures I. 3,1. 2683.
Natronalaun I. 3,2. 4487.
Natronamblygonit I. 4,1. 630.
Natronanorthit II. 1548.
Natronberzeliit I. 4,1. 211.
Natroncancrinit II. 877.
Natronchabasit II. 1787.
Natrone I. 3,1. 2784.
Natronglimmer II. 645.
Natronitrit I. 3,1. 2677.
Natronkalisimonyit E. 390.
Natronkatapleït II. 1603.
Natronleucit II. 1713.
Natronmargarit E. 390.
Natronmelilith E. 391.
Natronmesotyp II. 1684.
Natronmikroklin II. 1393. 1396. 1418.
Natronnitrat I. 3,1. 2683. 2684.
Natronnitrit I. 3,1. 2684.
Natrononkosin II. 647.
Natronorthoklas II. 1418. 1372. 1393.
Natronphlogopit E. 392.
Natronrichterit II. 1197. 1224.
Natronsalpeter I. 3,1. 2677.
Natronsalz, hemiprismatisches I. 3,1. 2758. 2780. 2781.
Natronsalz, prismatisches I. 3,1. 2772.
Natronsanidin E. 393.
Natronsarkolith E. 393.
Natronspodumen II. 1429.
Natronsulfat, anhydrisches I. 3,2. 3673.
Natrophilit I. 4,1. 220. 225.
Natrophit I. 4,1. 388.
Natroxonotlit II. 1748.
Natrum, ägyptisches I. 3,1. 2763.
Natrum, gewässertes kohlensaures I. 3,1. 2758.
Natrum, gewöhnliches kohlensaures I. 3,1. 2780.
Natrum, trockenes kohlensaures I. 3,1. 2758.
Natrum, strahliges I. 3,1. 2758. 2763.
Natrum, tripolitanisches I. 3,1. 2758.
Natrumsalpeter I. 3,1. 2683.
Naujakasit E. 394.
Naumannit I. 1. 455; I. 2. 1611.
Nauruit I. 4,2. 1021. 1034.
Necronit II. 1402.
Needle ore I. 1. 1138.
Nefedjevid E. 394.
Neftgil I. 4,2. 1364.
Negrillo I. 1. 1101.
Nekronit II. 1402. 1392.
Nemalith I. 2. 2081.
Nemaphyllit E. 398.
Nematolith I. 2. 2081.
Neochrysolith II. 28.
Neoctèse I. 4,2. 1295.
Neocolemanit I. 4,1. 175. 180.
Neolith II. 814.
Néoplase I. 3,2. 4513.
Neotantalit E. 400.
Neotokit II. 1162.
Neotyp I. 3,1. 3107.
Nepalit I. 1. 533. 1105.
Nepaulit I. 1. 533. 1105.
Nephelin II. 853.
Nephelingruppe II. 853.
Nephrit II. 1198. 1232. 1172.
Nepouit E. 401.
Neptunit II. 1607.
Nertschinskit II. 1828.
Neslit I. 2. 1522.
Nesquehonit I. 3,1. 3469.
Neudorfit I. 4,2. 1397. 1411.
Neukirchit I. 2. 1981.
Neumannsche Linien (Figuren) I. 1. 156.
Neurolith II. 852.
Newberyit I. 4,2. 767. 797.
Newjanskit I. 1. 133. 135.
Newkirkit I. 2. 1980.

Newportit II. 670. 675.
Newtonit I. 3,2. 4190.
N'hangellit E. 402.
Niccolit I. 1. 616.
Nicholsonit I. 3,1. 3016.
Nickel I. 2. 616.
Nickel, emerald I. 3,1. 3527.
Nickel, gediegen I. 1. 608.
Nickel, Hydrate of I. 3,1. 3527.
Nickelantimonglanz I. 1. 790.
Nickelantimonkies I. 1. 789.
Nickelarsenikglanz I. 1. 780.
Nickelarsenikkies I. 1. 781.
Nickelarsenkies I. 1. 779. 843.
Nickelautunit I. 4,2. 977.
Nickelbiarseniet I. 1. 800.
Nickelblende I. 1. 608.
Nickelblüte I. 4,2. 1262.
Nickelbournonit I. 1. 1127. 783. 792.
Nickelcarbonat I. 3,1. 3228.
Nickelchlorür I. 2. 2359. 2495.
Nickeldichlorid-Hexahydrat I. 2. 2495.
Nickeleisen I. 1. 149.
Nickelfahlerz I. 1. 1101.
Nichelfluorür I. 2. 2495.
Nickelglanz I. 1. 779.
Nickelgries I. 1. 781.
Nickelgymnit II. 803.
Nickelin I. 1. 615.
Nickelkies I. 1. 608. 616.
Nickellinneit E. 402.
Nickeloxydul I. 2. 1891.
Nickelsepiolith II. 804. 812.
Nickelsilicat II. 807.
Nickelskutterudit I. 1. 881.
Nickelsmaragd I. 3,1. 3528.
Nickelspat I. 3,1. 3112.
Nickelspeise I. 1. 621.
Nickelspießglanzerz I. 1. 790.
Nickelspießglaserz I. 1. 790.
Nickelsulfat-Heptahydrat I. 3,2. 4354.
Nickelvitriol I. 3,2. 4354.
Nickelwismuthglanz I. 1. 965.
Nicolai cuprum I. 1. 616.
Nicolayit E. 402.
Nicopyrit I. 1. 656.
Nierenstein II. 1198.
Nigrescit II. 797.
Nigrin I. 2 1591.
Nigrit I. 4,2. 1428. 1433.
Nilkiesel I. 2. 1495.
Niobat von Zirkon I. 4,1. 395.
Niobit I. 4,1. 443.
Nipholith I. 2. 2527.
Niquel, carbonato hydratado de I. 3,1. 3528.
Niter I. 3,1. 2712.
Nitrammit I. 3,1. 2724.
Nitrate de chaux I. 3,1. 2733.
Nitrate de magnésie I. 3,1. 2731.
Nitrate de soude I. 3,1. 2683.
Nitrate of potash I. 3,1. 2683. 2711.
Nitrate of soda I. 3,1. 2683.
Nitratin I. 3,1. 2577. 2684. 2712.
Nitre I. 3.1. 2711.
Nitre à base calcaire I. 3,1. 2733.
Nitre ammoniacal I. 3,1. 2726.
Nitre cubique I. 3,1. 2683.
Nitre de magnésie I. 3,1. 2730.
Nitre de plomb ou de saturne I. 3,1. 2739.
Nitre, prismatic I. 3,1. 2711.
Nitre-Salt, prismatic I. 3,1. 2711.
Nitrit I. 3,1. 2712.
Nitro I. 3,1. 2684.
Nitrobaryt I. 3,1. 2735.
Nitrobarite I. 3,1. 2737.
Nitrocalcit I. 3,1. 2732.
Nitroglauberit I. 3,2. 4554.
Nitromagnesit I. 3,1. 2730.
Nitron I. 4,1. 152.
Nitronatrit I. 3,1. 2683.
Nitrum I. 3,1. 2733. 2758. 2780.
Nitrum artificiale I. 3,1. 2683.
Nitrum veterum I. 3,1. 2757.
Nitrumsalz, prismatisches I. 3,1. 2684. 2711.
Nitrumsalz, rhomboedrisches I. 3,1. 2684.
Nivenit I. 3,2. 4153. 4177.
Nizam (Diamant) I. 1. 20.
Nobilit I. 1. 901.
Noceran I. 2. 2566.
Nocerin I. 2. 2565.
Nocerina I. 2. 2566.
Nocerit I. 2. 2566.
Nohlit I. 4,1. 419.
Nontronit II. 1830.
Noralith II. 1196.
Norbergit E. 403.
Nordenskiöldit II. 1225.
Nordmarkit II. 419. 426.
Norerde I. 2. 1631.
Normalankerit I. 3,1. 3299.
Normalarsenkies I. 1. 837.
Normalcölestin I. 3,2. 3906.
Normaldolomit I. 3,1. 3273. 3279. 3299.
Normalin II. 1802.
Normalparankerit I. 3,1. 3270. 3299.
Normannit E. 406.
Northupit I. 3,1. 2801.
Nosean II. 894.
Noseanit II. 898.
Nosian II. 897.
Nosin II. 897.
Noumeait II. 804.
Noumeit II. 804.
Nuolait E. 406.
Nussierit I. 4,1. 579. 594.
Nuttalit II. 1555. 1573.

Ocher I. 1. 210; I. 2. 1793. 1794.
Ocher, flowers of I. 3,2. 3880.
Ochra cobaltea nigra I. 3,1. 3608.

Ochroit II. 1328.
Ochrolith I. 4,2. 1325. 1335.
Ocker = Ocher
Octaëdrit I. 2. 1567.
Octibbehit I. 1. 158. 159. 167.
Odenit E. 406.
Odontolith I. 4,2. 945. 1021. 1036 1092.
Oegirin II. 1128.
Oegyrin II. 1128.
Oehrnit E. 406.
Oeil de chat I. 2. 1348.
Oellacherit II. 609. 621.
Oelstein II. 857.
Oerstedit I. 2. 1651.
Oesterreicher (Diamant) I. 1. 15.
Offretit II. 1791.
Oisanit I. 2. 1567; II. 220.
Okenit II. 1746.
Oktaëdrit I. 2. 1563. 1567.
Olafit II. 1464.
Oldhamit I. 1. 658.
Oligiste I. 2. 1793.
Oligoklas II. 1428. 1429. 1474.
Oligoklas-Albit II. 1434. 1464.
Oligoklas-Andesin II. 1476. 1498.
Oligoklasit II. 1482.
Oligoklasschiefer II. 1482.
Oligonit I. 3,1. 3160.
Oligonspat I. 3,1. 3160.
Oligosiderit I. 1. 161.
Oliveirait E. 407.
Olivenerz I. 4,1. 638. 653; I. 4,2. 1121.
Olivenerz, strahliges I. 4,2. 1105.
Olivenerz, in Würfeln I. 4,2. 912.
Olivenit I. 4,1. 633. 651.
Olivenmalachit, blättriger I. 4,1. 638.
Olivenmalachit, diprismatischer I. 4,1. 638.
Olivenmalachit, hemiprismatischer I. 3,2. 4259.
Oliverz I. 4,2. 1108.
Olivin II. 8.
Olivingruppe II. 3.
Ollaire (pierre) II. 817.
Omphacit II. 1035.
Onegit I. 2. 1994.
Onkoit II. 699.
Onkosin II. 609. 613. 619. 647.
Onofrit I. 1. 706; I. 3,1. 3537.
Ontariolith II. 1574.
Onyx I. 2. 1472.
Onyx, Mexican I. 2. 1497.
Oolith, kieseliger I. 2. 1421.
Oosit II. 633. 937.
Opal I. 2. 1501.
Opal, edler I. 2. 1505.
Opal, gemeiner I. 2. 1505.
Opal, orientalischer I. 2. 1505.
Opaleisenstein I. 2. 1507.
Opalinallophan II. 1829.
Opaljaspis I. 2. 1476. 1507.
Opalmutter I. 2. 1516.
Opalobsidian I. 2. 1512.
Opalonyx I. 2. 1502.
Opaloolith I. 2. 1525.
Opalsandstein I. 2. 1526.
Opalschiefer I. 2, 1508.
Opaltigerauge I. 2. 1349. 1528.
Opalus I. 2. 1504.
Operment I. 1. 352. 361.
Ophicalcit II. 770.
Ophit II. 763. 765.
Opsimose II. 1156.
Or I. 1. 238.
Orangit I. 2. 1671.
Oranit E. 407.
Oraviczit II. 839.
Ore of Columbium I, 4,1. 443.
Orichalcit I. 3,1. 3396.
Orientalische Edelsteine I. 2. 1749. 1750.
Orientit I. 3,1. 3635.
Orileyit I. 1. 423.
Orlow (Diamant) I. 1. 19.
Ornithit I. 4,2. 786. 1201. 1208.
Oropiment I. 1. 361.
Oroseit E. 407.
Orpiment I. 1. 361.
Orsugisat I. 2. 2513.
Orthamphibol E. 408.
Orthaugit E. 408
Orthit II. 257.
Orthobromit I. 2. 2302. 2304.
Orthochlorite II. 684. 688.
Orthodiadochit I. 4,2. 745.
Orthoklas II. 1332. 1356.
Orthoklas-Mikroperthit II. 1360.
Orthoklas-Pertith II. 1360.
Orthose II. 1354.
Orthosulfosalze I. 1. 1051.
Ortstein I. 2. 2011.
Oruetit E. 408.
Orvillit E. 409.
Oryzit II. 1761.
Osannit E. 409.
Osbornit I. 1. 197.
Oserskit I. 3,1. 3016.
Osmelith II. 1136.
Osmiridium I. 1. 133.
Osmit E. 414.
Osmium I. 1. 134.
Osmium-Iridium I. 1. 134.
Ossipyt II. 22.
Osteocolla I. 3,1. 2824. 2972.
Osteolith I. 4,1. 199. 203; I. 4,2. 1029.
Ostranium I. 2. 1637.
Ostranit I. 2. 1649.
Ostwaldit E. 414.
Otavit E. 414.
Ottrelith II. 666. 670. 674.
Ouatite I. 3,1. 3608. 3622.
Outremer II. 912.
Ouvarovit II. 80.
Owenit II. 740. 741.
Owyheeit E. 414.

Oxalit I. 4,2. 1340. 1345.
Oxammit I. 4,2. 1340. 1344.
Oxyapatit E. 415.
Oxychloride I. 2. 2099.
Oxychylum ammoniacum I. 3,2. 3661.
Oxychylum kalicum I. 3,2. 3692.
Oxychylum natronicum I. 3,2. 3673.
Oxyde I. 2. 1209.
Oxyde de plomb spathique rouge I. 3,2. 4025.
Oxyfluoride I. 2. 2099.
Oxyfluoride, Gruppe der I. 2. 2565.
Oxyhornblende E. 415.
Oxykertschenit I. 4,2. 1234. 1247. 1249.
Oxymagnit E. 416.
Oxysulfide I. 1. 1201.
Oyamalith E. 416.
Ozarkit II. 1666.
Ozokerit I. 4,2. 1340. 1361. 1362.
Ozokerol I. 4,2. 1363.

Pachnolith I. 2. 2534.
Pacos I. 2. 1256.
Paederos I. 2. 1504.
Pagodit II. 828.
Paigeit E. 416.
Pajsbergit II. 1156.
Palacheit I. 3,2. 4513.
Paladinit I. 2. 1939.
Palaeonatrolith II. 1693.
Palagonit II. 848.
Palait I. 4,2. 768. 824.
Pale-tin I. 4,1. 384.
Paligorskit II. 1226.
Palladium I. 1. 131.
Palladiumgold I. 1. 319.
Palladiumocker I. 2. 1939.
Palladiumoxydul I. 2. 1939.
Pallasit I. 1. 161; II. 13.
Palle marcie I. 2. 2053.
Palmerit E. 417.
Palmierit I. 3,2. 3698. 3730.
Pam, Julius (Diamant) I. 1. 37.
Panabas I. 1. 1085.
Pandermit I. 4,1. 130. 167.
Pantellarit E. 417.
Papas I. 2. 2295; I. 4,1. 161.
Papierkohle I. 4,2. 1444.
Paposit I. 3,2. 4413. 4427.
Parabayldonit I. 4,2. 862. 879.
Paracelsian E. 417.
Parachlorit II. 64. 67. 754.
Parachrosbaryt, brachytyper I. 3,1. 3160.
Parachrosbaryt, isometrischer I. 3,1. 3203.
Parachrosbaryt, makrotyper I. 3,1. 3203.
Paracolumbit I. 2. 1876.
Paracoquimbit (Ungemach) E. 418.
Paracoquimbit (Klvaňa) E. 419.
Paradoxit II. 1367.
Paraffin I. 4,2. 1361.
Paragit I. 1. 681.
Paragonit II. 523. 645.
Parahopeit I. 4,2. 1202. 1229.
Parailmenit I. 2. 1876.
Parakobellit I. 1. 502.
Paralaurionit I. 2. 2637.
Paralogit II. 1556. 1571.
Paraluminit I. 3,2. 4413. 4435.
Paramelakonit I. 2. 1929.
Paramontmorillonit E. 419.
Parankerit I. 3,1. 3270. 3299.
Paranthin II. 1555.
Parasepiolith E. 421.
Parastilbit II. 1765.
Paratacamit I. 2. 2595.
Paratooit E. 428.
Paraurichalzit I. 3,1. 3351. 3400.
Paravauxit I. 4,2. 898. 967.
Paravivianit I. 4,2. 1234. 1247. 1248.
Paredrit I. 4,2. 1089.
Pargasit II. 1186. 1194.
Parianit E. 429.
Parisit I. 3,1. 3411. 3419.
Parisit, Barium- I. 3,1. 3443.
Parophit II. 871.
Parorthoklas II. 1418.
Parsettensit E. 429.
Parsonsit I. 4,2. 972. 1019.
Partschin II. 95.
Partschit I. 1. 192.
Partzit I. 2. 1255. 1256; I. 4,2. 1325.
Pascha von Aegypten (Diamant) I. 1. 20.
Pascoit I. 4,2. 1311.
Passauit II. 1555.
Passyit I. 2. 1507.
Patagosit E. 431.
Paterait I. 3,2. 4100. 4151.
Paternoit E. 431.
Patrinit I. 1. 1137. 1138.
Patronit E. 432.
Pattersonit II. 699. 723.
Paulit II. 966.
Pavonado I. 1. 1107.
Pavonado plomizo I. 1. 1134.
Pazit I. 1. 868. 871.
Pealit I. 2. 1506.
Pearceït I. 1. 1167.
Pearcit I. 1. 1168.
Pechblende I. 1. 558; I. 3,2. 4152. 4159.
Pecheisenerz I. 2. 2012.
Pecheisenstein I. 2. 1812. 2011. 2012.
Pecherz I. 2. 1904; I. 3,2. 4159.
Pechgranat II. 82.
Pechkupfer I. 2. 2012.
Pechopal I. 2. 1505.
Pechuran I. 3,2. 4157. 4159.
Peckhamit II. 995.
Peganit I. 4,2. 897. 901. 1091. 1281.
Pegmatitanhydrit I. 2. 2175. 2181; I. 3,2. 3767.
Pegmatolith II. 1357.
Pektolith II. 1135.
Pelagit I. 2. 2098.; I. 3,1. 3605. 3641

Pelagosit I. 3,1. 2826.
Pelhamin II. 798.
Pelhamit II. 754. 798.
Pelikanit II. 1828.
Peliom II. 923.
Pelionit E. 435.
Pelitischer Felsittuff II. 838. 845.
Pelokonit I. 3,1. 3598. 3608. 3633.
Pelosiderit I. 3,1. 3161.
Pencatit I. 2. 2081; I. 3,1. 3517.
Pendeloque I. 1. 15.
Penfieldit I. 2. 2631. 2632.
Pennin II. 679. 688. 710.
Penning-Erz I. 3,1. 2626.
Penroseit E. 435.
Pentaklasit II. 1031.
Pentamercuritetraoxychlorid I. 2. 2622.
Pentlandit I. 1. 656.
Peplolith II. 937.
Percylith I. 2. 2642. 2647.
Perferrowolframit I. 3,2. 4100.
Peridot II. 8.
Periklas I. 2. 1887.
Periklasgruppe I. 2. 1887.
Periklin II. 1428.
Periklin-Gesetz II. 1435.
Peristerit II. 1469.
Perlenerz I. 2. 2023.
Perlgips I. 3,2. 4283.
Perlglimmer II. 523.
Perlkerat I. 2. 2282. 2333.
Perlmutteropal I. 2. 1506.
Perlmutterspat I. 3,1. 2895.
Perlsalz I. 2. 2194.
Perlsinter I. 2. 1505.
Perlspat I. 3,1. 3298. 3303. 3334.
Permanganowolframit I. 3,2. 4100.
Perofskit II. 1644.
Perowskit II. 1642.
Perowskyn I. 4,1. 230.
Perthit II. 1357. 1403.
Peruvit I. 1. 991.
Pesillit II. 1157.
Petalit II. 1592.
Petrosilex II. 1357.
Petterdit I. 2. 2653.
Petzit I. 1. 449.
Pfaffit I. 1. 1029; I. 4,2. 834.
Pfahl (Quarz-Pfahl) I. 2. 1370.
Pfennigerz I. 2. 2010. 2023.
Pflanzenalkali I. 3,1. 2780.
Phacelit II. 96.
Phacelitgruppe II. 96.
Phäaktinit II. 1206.
Phästin II. 970. 976.
Phakolith II. 1773.
Pharmacolithe, magnesian I. 4,1. 210.
Pharmakit I. 4,2. 780.
Pharmakochalcit I. 4,1. 653.
Pharmakolith I. 4,2. 767. 774. 775.
Pharmakopyrit I. 1. 867.
Pharmakosiderit I. 4,2. 897. 910. 1091.
Phenakit II. 38.
Phengit II. 522. 527.
Phengites I. 3.2. 3765.
Philadelphit II. 550. 573.
Philipstadit E. 435.
Phillipit I. 3,2. 4530.
Phillipsit I. 1. 904; II. 1799.
Phlogopit II. 522. 524. 528. 550.
Phönikokroit I. 3,2. 4233.
Phönit II. 864.
Phönizit I. 3,2. 4232.
Pholerit II. 835. 840.
Phosgenit I. 3,1. 3411. 3446.
Phosgen-Spat I. 3,1. 3457.
Phosphat, borsäurehaltiges, von Peru I. 4,2. 1085.
Phosphate calcaire I. 4,1. 514.
Phosphate, hydrated calciumaluminic I. 4,2. 1139.
Phosphate native de fer mélange de manganèse I. 4,1. 698.
Phosphatfavas I. 4,2. 1022. 1089.
Phosphattripel I. 4,2. 1042.
Phosphatzeolithe I. 4,2. 861. 971. 978.
Phosphocerit I. 4,1. 315.
Phosphoferrit I. 4,2. 961. 1219.
Phosphophyllit I. 4,2. 898. 956.
Phosphor, Balduins I. 3,1. 2732.
Phosphor, Bologner I. 3,2. 3823.
Phosphor, weißer E. 437.
Phosphorarseneisensinter I. 4,2. 745.
Phosphor-Beudantit I. 4,2. 727.
Phosphorbeudantit I. 4,2 732.
Phosphorblei I. 4,1. 580.
Phosphorblei, muschliges I. 4,1. 598.
Phosphorbleispat I. 4,1. 579.
Phosphorchalcit I. 4,2. 1099.
Phosphorchromit I. 3,2. 4259
Phosphoreisensinter I. 4,2. 745. 1021. 1071. 1092.
Phosphorit I. 4,1. 488; I. 4,2. 1021. 1037. 1092.
Phosphorkupfer, oktaedrisches I. 4,1. 638.
Phosphorkupfererz I. 4,2. 1093. 1099.
Phosphormangan I. 4,1. 698.
Phosphornickeleisen I. 1. 192. 154.
Phosphorocalcit I. 4,2. 1099.
Phosphorochalcit I. 4,2. 882. 1093. 1099.
Phosphorokalzit I. 4,2. 1099.
Phosphorsalz I. 4,2. 761.
Phosphoruranylit I. 4,2. 972. 1013.
Phosphosiderit I. 4,2. 1273. 1276.
Photizit II. 1157. 1156.
Photolith II. 1136.
Phyllit II. 670. 675.
Phyllochlorit II. 699. 701.
Physalit II. 115.
Piauzit I. 4,2. 1428. 1436.
Picit I. 4,2. 897. 920.
Picites resinaceus I. 4,2. 920.
Pickingerit I. 3,2. 4502.
Picotit I. 4,1. 68.

Picralum tenellum I. 3,1. 2734.
Picroanalcima II. 1718.
Picromeride I. 3,2. 4473.
Pictit II. 1614. 1631.
Piddingtonit II. 994.
Piemontit II. 251.
Pierre d'alun I. 3,2. 4184.
Pierre d'Asperge I. 4,1. 514.
Pierre de Labrador II. 1353.
Pierre de lune II. 1353.
Pierre de savon = Saponit II. 807.
Pierre de savon = Meerschaum II. 812.
Pierre de soleil II. 1353.
Pierre de Vulpino de Bergamase I. 3,2. 3765.
Pierre des amazones II. 1354.
Pierre des tripes I. 3,2. 3766.
Pierre ollaire II. 817.
Pierrepontit E. 438.
Pietricikit I. 4,2. 1366.
Pigeonit E. 438.
Pignolienspat I. 3,1. 3129.
Pigotit I. 4,2. 1340. 1349.
Pigott (Diamant) I. 1. 20.
Pihlit II. 1125.
Pikranalcim II. 1718.
Pikroalumogen I. 3,2. 4505.
Pikrochromit E. 457.
Pikrochylinsalz, prismatisches I. 3,2. 3692.
Pikrocollit E. 458.
Pikrocrichtonit E. 458.
Pikro-Epidot II. 247.
Pikrofluit II. 768.
Pikroilmenit I. 2. 1860.
Pikrolith II. 768. 782.
Pikromerit I. 3,2. 4471.
Pikropharmakolith I. 4,2. 780. 1202. 1232.
Pikrophyll II. 1077.
Pikrophyllit II. 1077.
Pikrosmin II. 796.
Pikrotephroit II. 31.
Pikrothomsonit II. 1664.
Pikrotitanit I. 2. 1860.
Pilarit II. 468.
Pilbarit E. 458.
Pilinit II. 1826.
Pilit II. 796. 1213.
Pilolith II. 796.
Pilsenit I. 1. 402.
Pimelit II. 805.
Pinakiolith I. 4,1. 88. 91.
Pineapples, fossil I. 3,2. 3720.
Pinguit II. 1830.
Pinit II. 633. 937.
Pinitoid II. 633. 642.
Pinnoit I. 4,1. 130. 137.
Pinolit I. 3,1. 3127.
Pinolitmagnesit I. 3,1. 3131.
Pintadoit I. 4,2. 768. 844.
Piombo I. 1. 333.
Piotin II. 807.
Pirssonit I. 3,1. 2787. 3469.
Pisanit I. 3,2. 4357. 4371.
Pisekit E. 460.
Pisolith I. 3,1. 2971.
Pissophan I. 3,2. 4396. 4413. 4442.
Pistacit II. 220.
Pistomesit I. 3,1. 3112.
Pitkärantit II. 1083.
Pitt (Diamant) I. 1. 15.
Pittinerz I. 3,2. 4155.
Pittinit I. 3,2. 4157.
Pittizit I. 2. 2011; I. 3,2. 4441; I. 4,2. 1021. 1067. 1092.
Pizit E. 461.
Placers I. 1. 241.
Plaffeiit I. 4,2. 1397. 1414.
Plagiocitrit I. 3,2. 4515. 4518.
Plagioklas II. 1428.
Plagionit I. 1. 1016.
Plakodin I. 1. 621.
Plancheit E. 461.
Planerit I. 4,2. 897. 919. 926.
Planoferrit I. 3,2. 4413. 4439.
Plasma I. 2. 1470. 1479.
Plata (spanisch) = Silber I. 1. 220.
Plata azul I. 2. 2295. 2302.
Plata gris clara I. 1. 1047.
Plata gris oscura I. 1. 1106.
Platin I. 1. 139.
Platin, siderisches I. 1. 141.
Platiniridium I. 1. 137. 138.
Platinmetalle, Gruppe der I. 1. 131.
Plattnerit I. 2. 1717.
Platynit E. 467.
Plazolith E. 468.
Plenargyrit I. 1. 990.
Plengit I. 3,2. 4766.
Pleonast I. 4,1. 4. 7. 16. 68.
Pleonektit I. 4,1. 488. 606.
Plessit I. 1. 156. 186. 784.
Pleuranium I. 1. 141.
Pleurasit I. 4,2. 1166. 1185.
Pleurastit I. 4,2. 1185.
Pleuroklas, magnesischer I. 4,1. 693.
Pleysteinit I. 4,2. 955.
Plinian I. 1. 841. 844. 848.
Plomb I. 1. 333.
Plomb arseniaté I. 4,1. 598.
Plomb brun I. 4,1. 612.
Plomb brun chromate de I. 4,1. 612.
Plomb carbonaté rhomboidal I. 3,2. 4250.
Plomb carbonaté muriatifère I. 3,1. 3457.
Plomb chlorocarbonaté I. 3,1. 3457.
Plomb chromé I. 3,2. 4259.
Plomb corné I. 3,1. 3457.
Plomb gomme I. 4,2. 1155.
Plombhydro-alumineux I. 4,2. 1156.
Plomb phosphaté I. 4,1. 580.
Plomb rouge en stalactite I. 4,2. 1155.
Plomb, rouge de Sibérie I. 3,2. 4025.
Plomb sulfaté cuprifère I. 3,2. 4207.
Plomb, sulfate de cuprifère cuivreux I. 3,2. 4207.

Plomb, sulfato-carbonaté I. 3,2. 4228.
Plomb, sulfato-carbonaté cuprifère I. 3,2. 4255.
Plomb, sulfato-tricarbonaté I. 3,2. 4250.
Plomb, suroxygené I. 3,2. 4024.
Plomb vert arsenical I. 4,1. 598.
Plombagine I. 1. 412.
Plombgomme I. 4,2. 1156.
Plomo I. 1. 333.
Plumasit I. 2. 1751. 1755. 1771.
Plumbago I. 1. 50. 466.
Plumballophan II. 1828.
Plumbeïn I. 1. 471.
Plumbiodit I. 2. 2630.
Plumbocalcit I. 3,1. 2896. 2953.
Plumbocuprit I. 1. 513. 514.
Plumboferrit I. 4,1. 87.
Plumbogummit I. 4,2. 723. 1065. 1126. 1201. 1153.
Plumbogummit, faseriger I. 4,2. 1156.
Plumbojarosit I. 3,2. 4179. 4203; I. 4,2. 723. 1116.
Plumbomalachit I. 3,1. 3351. 3402.
Plumbomanganit I. 1. 1200.
Plumbonakrit I. 3,1. 3351. 3402.
Plumboniobit I. 4,1. 405.
Plumboresinit I. 4,2. 1156.
Plumbostannit I. 1. 1199.
Plumbostib I. 1. 1042.
Plumbostibit I. 1. 1042.
Plumbum acido aero mineralisatum I. 3,1. 3059.
Plumbum aduritur et fit minium I. 3,1. 3590.
Plumbum arsenico mineralisatum I. 4,1. 598.
Plumbum hexaedrum Rhombeum fulvum I. 3,2. 4025.
Plumbum spathosum fragmentis spathosis I. 3,1. 3059.
Plumbum sulfure et arsenico mineralisatum I. 3,2. 4025.
Plumbum terrestre vel lapideum I. 3,1. 3059.
Plumit I. 1. 1024.
Plumosit I. 1. 1024.
Plusinglanz I. 1. 1193.
Podolit I. 4,2. 1021. 1026. 1092.
Poechit E. 468.
Poikilopyrit I. 1. 904.
Polarstern (Diamant) I. 1. 20.
Polianit I. 2. 1719. 1720.
Polinium I. 1. 141.
Poliopyrit I. 1. 723.
Polirschiefer I. 2. 1507.
Pollucit II. 1329.
Pollux II. 1329.
Polvorilla I. 1. 1161. 1198.
Polyadelphit II. 82. 91.
Polyargit II. 1537. 1544.
Polyargyrit I. 1. 1175.
Polyarsenit I. 4,1. 715.
Polybasit I. 1. 1153. 1169. 1171.
Polychroilith II. 940.
Polychroit II. 929.
Polychrom I. 4,1. 579.
Polydymit I. 1. 964.
Polyhalit I 3,2. 4449. 4477.
Polykras und Euxenit E. 470.
Polykrasilith I. 2. 1637.
Polylith II. 1089.
Polylithionit II. 587. 588. 590.
Polymignyt E. 489.
Polysiderit I. 1. 161.
Polysphärit I. 4,1. 488. 594.
Polysulfosalze I. 1. 974. 975.
Polytelit I. 1. 1086.
Polyxen I. 1. 141.
Ponit I. 3,1. 3203. 3210.
Poonahlith II. 1704.
Porcellophit II. 785.
Porpezit I. 1. 319.
Porphyrquarz I. 2. 1347.
Porter Rhodes (Diamant) I. 1. 36.
Portit II. 852.
Portlandit E. 493.
Porzellanerde II. 834.
Porzellanit II. 1555. 1562.
Porzellanjaspis I. 2. 1476.
Porzellanspat II. 1555. 1563.
Porricin II. 1037.
Posepnit I. 4,2. 1340. 1371.
Potarit E. 493.
Potasse nitraté I. 3,1. 2683. 2711.
Pottlot I. 1. 52.
Pouzacit E. 496.
Powellit I. 3,2. 4031. 4032.
Pramnion I. 2. 1326.
Prasem I. 2. 1349. 1362.
Praseolith II. 940.
Prasilith II. 808.
Prasin I. 4,2. 1099.
Prasiolith II. 940.
Prasius I. 2. 1349.
Prasma I. 2. 1349. 1470. 1471.
Prasopal I. 2. 1506. 1511. 1517.
Predazzit I. 2. 2081; I. 3,1. 3517. 3519. 3521.
Pregrattit II. 646.
Prehnit II. 470.
Prehnitoid II. 1557.
Preslit I. 4,2. 876.
Pribramit I. 1. 559; I. 2. 1994.
Priceit I. 4,1. 167.
Prime d'émeraude II. 1032.
Prismatin II. 431.
Prismatingruppe II. 430.
Priorit E. 496.
Prixit I. 4,2. 1081.
Probertit E. 499.
Probirstein I. 2. 1475.
Prochlorit II. 679. 688.
Prochnica I. 2. 2195.
Proidonina I. 2. 2561.

Proidonit I. 2. 2561.
Prolectit E. 499.
Prosopit I. 2. 2548. 2550.
Proteït II. 1037.
Protheït II. 284. 1037.
Protobastit II. 973.
Protochlorit II. 64. 67. 752.
Protolithionit II. 555. 589.
Protovermiculit II. 550. 572.
Proustit I. 1. 1056. 1069.
Przibramit I. 2. 1994.
Psathyrit I. 4,2. 1441.
Psatrit I. 4,2. 1438. 1440.
Psaturose I. 1. 1153.
Pseudes smaragdos I. 3,1. 3362.
Pseudo-Albit II. 1430.
Pseudoapatit I. 4,1. 509.
Pseudoberziliit I. 4,1. 211. 212.
Pseudobeudanit I. 4,2. 732.
Pseudobiotit II. 550. 553.
Pseudoboleït I. 2. 2648. 2649.
Pseudobrookit E. 499.
Pseudochalcedonit I. 2. 1467.
Pseudochalcedon I. 2. 1467.
Pseudocotunnia I. 2. 2352.
Pseudocotunnit I. 2. 2352.
Pseudodeweylith E. 511.
Pseudoeukryptit E. 512.
Pseudogalena I. 1. 557.
Pseudo-Gaylussit I. 3,1. 2790. 2796. 2890. I. 3,2. 3759.
Pseudoglaukophan E. 512.
Pseudogymnit E. 513.
Pseudoheterosit I. 4,2. 1274. 1301.
Pseudojade E. 513.
Pseudojadeit E. 513.
Pseudokrokydolith E. 514.
Pseudolaumontit E. 514.
Pseudolåvenit E. 514.
Pseudoleucit II. 1309.
Pseudolimonit I. 1. 1161; I. 2. 1258.
Pseudomalachit I. 4,2. 882. 1094. 1097.
Pseudomanganit E. 514.
Pseudomejonit E. 515.
Pseudomendipit E. 515.
Pseudomesolith E. 516.
Pseudonatrolith II. 1825.
Pseudonephelin II. 855. 874.
Pseudonocerina I. 2. 2567.
Pseudoorthoklas E. 517.
Pseudoozokerit I. 4,2. 1365.
Pseudoparasit I. 3,1. 3444.
Pseudophillipsit E. 517.
Pseudophit II. 699. 701. 703. 704.
Pseudo-Pirssonit I. 3,1. 2789.
Pseudopyrochroit E. 519.
Pseudopyrophyllit E. 519.
Pseudosarkolith E. 519.
Pseudoskapolith II. 1570.
Pseudosmaragd II. 1286.
Pseudosommit II. 855.
Pseudosteatit II. 1828.
Pseudotopas E. 520.
Pseudotriplit I. 4,1. 230. 702.
Pseudowavellit I. 4,2. 897. 938.
Pseudowollastonit E. 520.
Psilomelan I. 3,1. 3598.
Psilomelan, Barium-Kalium- I. 3,1. 3623.
Psilomelan-Graphit I. 1. 51.
Psilomelangraphit I. 3,1. 3607.
Psittacinit I. 4,1. 661. 671.
Psymithit I. 3,2. 4250.
Ptène I. 1. 134.
Pterolith II. 550. 568.
Ptilolith II. 1824.
Pucherit I. 4,1. 240. 377.
Pufahlit E. 520.
Puflerit II. 1814. 1817.
Pulaskit II. 1257.
Pulleit E. 520.
Pumpellyit E. 520.
Punamu II. 1248.
Punktachat I. 2. 1472.
Purpurblende I. 1. 1203.
Purpurit I. 4,2. 1298.
Puschkinit II. 221. 246.
Pyknit II. 114. 117. 124.
Pyknochlorit E. 524.
Pyknophyllit II. 609. 617.
Pyknotrop II. 1554.
Pyon I. 2. 1765.
Pyrallolith II. 1037. 1083.
Pyralmandin E. 524.
Pyrantimonit I. 1. 1201. 1203.
Pyrargillit II. 940.
Pyrargirit I. 1. 1051. 1056.
Pyrauxit II. 828.
Pyrenäit II. 83. 87.
Pyrgom II. 1033.
Pyrichrolith I. 1. 1077.
Pyrit I. 1. 715.
Pyrites I. 1. 721.
Pyritolamprit I. 1. 430.
Pyroaurit I. 2. 2092.
Pyrobelonit I. 4,1. 633. 673.
Pyrochlor I. 4,1. 402.
Pyrochlor (titanhaltig) E. 525.
Pyrochlorgruppe E. 524.
Pyrochroit I. 2. 2089.
Pyrochrotit I. 1. 1077.
Pyrodmalith II. 512.
Pyroguanit I. 4,2. 1021. 1035.
Pyroklasit I. 4,2. 1021. 1035. 1201. 1207.
Pyrokonit I. 2. 2536.
Pyrolusit I. 2. 1719. 1725. 1727.
Pyromelan II. 1616. 1635.
Pyromorphit I. 4,1. 487. 572.
Pyrop II. 62.
Pyrophan I. 2. 1506.
Pyrophanit I. 2. 1882.
Pyrophosphorit I. 4,1. 199. 203.
Pyrophyllit II. 827.
Pyrophysalit II. 114. 118.
Pyropissit I. 4,2. 1340. 1372.

Pyropissit, rezenter I. 4,2. 1373.
Pyroretin I. 4,2. 1428. 1435.
Pyroretinit I. 4,2. 1436.
Pyrorthit II. 260. 267.
Pyrosiderit I. 2. 1993.
Pyrosklerit II. 1038. 1069.
Pyrosmalith II. 512.
Pyrosmalithgruppe II. 510.
Pyrosmaragd I. 2. 2411. 2419.
Pyrostibit I. 1. 1201.
Pyrostilpnit I. 1. 1075.
Pyroteknit I. 3,2. 3673.
Pyroxen II. 1031.
Pyroxene, asymmetrische II. 1153. 1167. 1171. 1177.
Pyroxene, monosymmetrische II. 1003. 1016. 1117. 1125. 1135. 1140.
Pyroxene, rhombische II. 960.
Pyroxene, Zirkon-Pyr. II. 1140.
Pyroxengruppe II. 958. 960.
Pyroxenperthit E. 537.
Pyroxmangit E. 537.
Pyrrhit I. 4,1. 395. 397; E. 538.
Pyrrhoarsenit I. 4,1. 210. 213.
Pyrrholith II. 1537. 1544.
Pyrrhonicolites I. 1. 616.
Pyrrhosiderit I. 2. 1991. 1994.
Pyrrhotin I. 1. 627.
Pyrrhotin, antimonischer I. 1. 624.
Pyrrhotin, arsenischer I. 1. 616.
Pyrrhotin, magnetischer I. 1. 630.
Pyrrhotin, thiodischer I. 1. 608.
Pyrrotin I. 1. 630.

Quartz encapuchonné I. 2. 1351.
Quartz en chemise I. 2. 1351.
Quartz nectique I. 2. 1507.
Quartz-résinite I. 2. 1505.
Quartzin E. 541.
Quarz I. 2. 1266. 1325.
Quarz, Absorption I. 2. 1300.
Quarz, Ätzfiguren I. 2. 1319.
Quarz, Analysen I. 2. 1445.
Quarz, Ausdehnungscoëfficienten I. 2. 1310.
Quarz, Brechungsquotienten I. 2. 1275.
Quarz, Brechungsquotienten, thermische Änderung I. 2. 1282.
Quarz, Circularpolarisation I. 2. 1285. 1327.
Quarz, Dichte I. 2. 1275.
Quarz, Diëlektricitätsconstante I. 2. 1304.
Quarz, Elasticität I. 2. 1313.
Quarz, elektrooptisches Verhalten I. 2. 1298.
Quarz, Färbungen I. 2. 1271.
Quarz Fundorte I. 2. 1353.
Quarz, Habitus der Kristalle I. 2. 1268.
Quarz, Härte I. 2. 1275.
Quarz, Historisches I. 2. 1325.
Quarz, Historisches, Aufbau aus doppelbrechenden Schichten I. 2. 1340.
Quarz, Historisches, chemische Zusammensetzung I. 2. 1342.
Quarz, Historisches, Flüssigkeitseinschlüsse I. 2. 1344.
Quarz, Kristallformen I. 2. 1266. 1445.
Quarz, kubischer I. 4,1. 126.
Quarz, Leitung der Elektrizität I. 2. 1302.
Quarz, Löslichkeit I. 2. 1316.
Quarz, Magnetismus I. 2. 1309.
Quarz, Nachtrag zur Formentabelle I. 2. 1445.
Quarz, optische Anomalien I. 2. 1295.
Quarz, optische Anomalien durch Druck I. 2. 1296.
Quarz, optische Anomalien durch Erwärmen I. 2. 1298.
Quarz, Phosphoreszenz I. 2. 1302.
Quarz, Piëzoëlektrizität I. 2. 1307
Quarz, Pyroëlektrizität I. 2. 1305.
Quarz, Schmelzpunkt I. 2. 1316.
Quarz, Spaltbarkeit I. 2. 1273.
Quarz, spezifische Wärme I. 2. 1312.
Quarz, Verwachsungen I. 2. 1268. 1334. 1445.
Quarz, Verwachsungen, gewundene I. 2. 1269. 1336.
Quarz, vor dem Lötrohr I. 2. 1316.
Quarz, Vorkommen I. 2. 1346.
Quarz, Vorkommen, Verwachsungen mit anderen Mineralien I. 2. 1352.
Quarz, Vorkommen, Pseudomorphosen I 2. 1353.
Quarz, Wärmeleitung I. 2. 1312.
Quarzfels I. 2. 1346.
Quarzglas I. 2. 1350.
Quarzgruppe I. 2. 1266.
Quarzin I. 2. 1465.
Quarzit I. 2. 1346.
Quarzkatzenauge I. 2. 1348.
Quarzschiefer I. 2. 1346.
Quarzsinter I. 2. 1506.
Quecksilber I. 1. 327.
Quecksilber- und Bleioxyds, Gruppe des I. 2. 1930.
Quecksilberblende I. 1. 672.
Quecksilberbranderz I. 1. 672. 681.
Quecksilberchlorid I. 2. 2340.
Quecksilberchlorür I. 2. 2330. 2333. 2339.
Quecksilberdioxychlorid I. 2. 2621.
Quecksilberfahlerz I. 1. 1083. 1086.
Quecksilberhaloide, Gruppe der I. 2. 2331.
Quecksilberhornerz I. 2. 2330. 2333.
Quecksilberhornspat I. 2. 2333.
Quecksilberjodid I. 2. 2341. 2342.
Quecksilberjodür I. 2. 2339.
Quecksilberlebererz I. 1. 672. 681.
Quecksilbermohr I. 1. 702.
Quecksilberoxychloride, Gruppe der I. 2. 2602.

Quecksilberspat I. 2. 2333.
Quecksilbersublimat I. 2. 2340.
Quellen, alkalische I. 2. 1220.
Quellen, erdige I. 2. 1220.
Quellen, salinische I. 2. 1220.
Quellerz I. 2. 2013. 2064.
Quellsäure I. 2. 2023.
Quellsalzsäure I. 2. 2023.
Quenselit E. 541.
Quenstedtit I. 3,2. 4413. 4421.
Quercyit I. 4,2. 1033.
Quetenit I. 3,2. 4533.
Quicksilfver I. 1. 328.
Quicksilver I. 1. 328.
Quincit II. 812.
Quirlkies I. 1. 876.
Quirogit I. 1. 495.
Quisqueit E. 543.

Rabdionit I. 3,1. 3605. 3608.
Rabenglimmer II. 587. 589.
Racewinit E. 543.
Radauit II. 1515.
Radiobaryt I. 3,2. 3824.
Radiofluorit E. 544.
Radiolarien-Mergel I. 2. 1510.
Radiolith II. 1691.
Radiophyllit E. 544.
Rädelerz I. 1. 1125. 1129.
Räuschgäl I. 1. 352.
Raf I. 4,2. 1383.
Rafaëlit I. 2. 2637.
Rahtit I. 1. 588.
Raimondit I. 3,2. 4413. 4440.
Ralstonit I. 2. 2529.
Ramdohrit E. 545.
Rame I. 1. 199.
Rame, carbonato azzurro I. 3,1. 3391.
Rame, carbonato verde I. 3,1. 3362.
Ramirit I. 4,1. 661.
Rammelsbergit I. 1. 800. 878.
Ramos de flores I. 3,1. 3083.
Ramsayit E. 546.
Rancieit I. 3,1. 3622. 3624.
Rancierit I. 3,1 3622.
Randanit I. 2. 1510.
Randannit I. 2. 1510.
Randit I. 3,1. 3470. 3511.
Ranit II. 863. 1670.
Ransätit E. 549.
Ransomit I. 3,2. 4534.
Raphanosmit I. 1. 519.
Raphillit II. 1231.
Raphisiderit I. 2. 1800.
Rapidolith II. 1554.
Raseneisenstein I. 2. 2011. 2020.
Rasenerz I. 2. 2011.
Rasorit E. 549.
Raspit I, 3,2. 4031. 4096.
Rastolyt II. 550.
Rathit I. 1. 1001. 1002. 1020.
Ratholith II. 1137.
Ratofkit I. 2. 2384. 2420. 2477.
Rauchquarz I. 2. 1325.
Rauchtopas I. 2. 1325.
Raumit II. 951.
Rauschgelb I. 1. 352. 361.
Rauschgelbkies I. 1. 836.
Raute I. 1. 15.
Rautenspat I. 3,1. 3299.
Rauvit I. 4,2. 972. 1014.
Rav I. 4,2. 1383.
Razoumoffskin II. 1830.
Realgar I. 1. 349.
Réaumurit E. 549.
Red lead spar I. 3,2. 402.
Reddingit I. 4,2. 1085. 1201. 1217.
Redingtonit I. 3,2. 4514.
Redondit I. 4,2. 1273. 1285.
Redruthit I. 1. 522. 524.
Redruthite, Siliceous I. 1. 533.
Reficit I. 4,2. 1438. 1440.
Regenbogenachat I. 2. 1472.
Regenbogenquarz I. 2. 1325.
Regent (Diamant) I. 1. 15. 19. 20.
Regnolit I. 1. 1186.
Reh I. 4,1. 153.
Reichardtit I. 3,1. 4335.
Reichenbach'sche Lamellen I. 1. 649.
Reichit I. 3,2. 2895.
Reif I. 2. 1220.
Reinerz I. 2. 2017.
Reinit I. 3,2. 4100. 4150.
Reissacherit I. 3,1. 3608. 3617.
Reissblei I. 1. 51.
Reissit II. 1766.
Rejalgar I. 1. 352.
Remingtonit I. 3,1. 3529.
Remolinit I. 2. 2576
Renardit I. 4,2. 1090.
Reniforit E. 549.
Rensselaerit II. 817. 823.
Repossit E. 549.
Resin, Highgate I. 4,2. 1393.
Resin, Settlin Stones I. 4,2. 1443.
Resin, yellow mineral 1. 4,2. 1383.
Resin-tin I. 4,1. 384.
Retinalith II. 770.
Retinasphalt I. 4,2. 1405.
Retinellit I. 4,2. 1397. 1404. 1444. 1446.
Retinerde I. 4,2. 1397. 1404.
Retinit I. 4,2. 1397. 1404.
Retinit von Piauze I. 4,2. 1437.
Retinit von Walchow I. 4,2. 1410.
Retzian I. 4,2. 1125. 1143.
Reussin I. 3,2. 4268.
Reussinit I. 4,2. 1428. 1435. 1444. 1446.
Revdinit E. 550.
Rewdanskit E. 550.
Reyerit E. 551.
Rézbányit I. 1. 978.
Rhabdionit I. 3,1. 3608.
Rhabdit I. 1. 191.

Rhabdophan I. 4,2. 1273. 1275.
Rhätizit II. 153.
Rhagit I. 4,2. 897. 930. 1901.
Rhaphanosmit I. 1. 519.
Raphilith II. 1231.
Raphisiderit I. 2. 1800. 1827.
Rhapidolith II. 1554.
Rastolyth II. 550. 574.
Rhetinalith II. 770. 787.
Rhipidolith II. 679. 688.
Rhizoden I. 2. 262.
Rhodalit II. 853.
Rhodes, Porter (Diamant) I. 1. 36.
Rhodit I. 1. 320.
Rhodium I. 1. 132.
Rhodiumgold I. 1. 320.
Rhodizit I. 4,1. 96. 101.
Rhodoarsenian I. 4,2. 1166. 1184. 1191.
Rhodochrom II. 679. 688. 719. 720.
Rhodochrosit I. 3,1. 3195.
Rhodolith E. 553.
Rhodonit II. 1153. 1156.
Rhodophosphit I. 4,1. 620.
Rhodophyllit II. 679. 688.
Rhodusit II. 1260.
Rhönit E. 553.
Rhombarsenit I. 2. 1230. 1231.
Rhombenporphyr II. 1396.
Rhombenspat I. 3,1. 3299.
Rhombischer Schnitt II. 1436.
Rhombites I. 3,1. 2895.
Rhomboidalspat I. 3,1. 3298.
Rhomboklas I. 3,2. 4403.
Rhyakolith II. 1356.
Richellit I. 4,2. 845. 852.
Richmondit I. 1. 1166; I. 2. 1948; I. 4,2. 1310.
Richterit II. 1186. 1197. 1224.
Rickardit E. 564.
Ridolfit I. 3,1. 3299.
Ridolphit I. 3,1. 3299.
Riebeckit II. 1263.
Riemannit II. 1828.
Rieseleis I. 2. 1221.
Riesenmarmor I. 3,1. 2944.
Rilandit E. 565.
Rimpylit E. 566.
Ringerz I. 1. 484.
Rinkit II. 1150. 1140.
Rinkolit E. 566.
Rinneit I. 2. 2495.
Rinones I. 3,2. 3779.
Riolith I. 1. 97. 456.
Rionit I. 1. 97. 1100.
Ripidolith II. 679.
Riponit II. 1559. 1573.
Risigallo I. 1. 352.
Risörit I. 4,1. 240. 374.
Risséit I. 3,1. 3396.
Rittingerit I. 1. 1078.
Rivait E. 567.
Riversideit E. 568.
Rivotit I. 2. 1258; I. 4,2. 1021. 1066.
Rizo Patronita E. 569.
Robellazit E. 569.
Rochlederit I. 4,2. 1397. 1419. 1444. 1446.
Rock crystal I. 2. 1325.
Rock salt I. 2. 2151.
Rodit II. 995.
Röblingit E. 569.
Röhrenachat I. 2. 1472.
Röhrenerz I. 1. 487.
Römerit I. 3,2. 4526.
Röpperit I. 3,1. 3203. 3214; II. 33.
Röschgewächs I. 1. 1152. 437.
Rösslerit I. 4,2. 767. 806.
Röthel I. 2. 1794. 1797.
Röthelkreide I. 2. 1793.
Röthelschiefer I. 2. 1797.
Röttisit II. 806.
Rogenstein I. 3,1. 2895.
Rogersit I. 3,2. 4402; I. 4,1. 423.
Roguljka I. 3,2. 3924.
Roguljki I. 3,1. 3015.
Romanichit I. 3,1. 3598. 3621.
Romanit I. 4,2. 1392.
Romanzement I. 3,2. 3677.
Romanzowit II. 58.
Romeit I. 4,1. 394; I. 4,2. 1324; E. 571.
Rosasit I. 3,1 3351. 3399.
Roscherit I. 4,2. 897. 936.
Roscoelith II. 644.
Roselith I. 4,2. 1201. 1211
Rosellan II. 1537. 1544. 1538.
Rosenbuschit II. 1140.
Rosenit I. 1. 993.
Rosenquarz I. 2. 1350. 1370.
Rosenspat I. 3,1. 2895. 3203.
Rosettengips I. 3,2. 4283.
Rosickyit E. 576.
Rosicler I. 1. 1066.
Rosicler claro I. 1. 1073.
Rosieresit I. 4,2. 922.
Rosit I. 1. 993; II. 1537. 1544.
Rossit E. 578.
Rosterit II. 1284.
Rosthornit I. 4,2. 1397. 1417.
Rotbleierz I. 3,2. 4024.
Rotbraunsteinerz II. 1155.
Roteisenerz I. 2. 1782.
Roteisenocker I. 2. 1794.
Roteisenrahm I. 1. 1794.
Roteisenstein I. 2. 1794.
Roterz I. 2. 1813.
Rotgiltigerz I. 1. 1055.
Rotgiltigerz, dunkles I. 1. 1051. 1055.
Rotgiltigerz, fahles I. 1. 987.
Rotgiltigerz, lichtes I. 1. 1055.
Rotgülden I. 1. 1055.
Rotgülden, dunkles I. 1. 1051.
Rotgülden, lichtes I. 1. 1055.
Rotguldenerz I. 1. 1055.
Rothörke I. 2. 2010.
Rothoffit II. 83. 88.

Rotkupfer I. 2. 1903.
Rotkupfererz I. 2. 1901. 1904.
Rotkupferglas I. 2. 1904.
Rotnickelkies I. 1. 615.
Rotschlag I. 1. 558.
Rotspat II. 1155.
Rotspat, dichter I. 3,1. 3203.
Rotspiesglaserz I. 1. 1203.
Rotspießglanzerz I. 1. 1201. 1203.
Rotstein I. 2. 1793. 1794; II. 1155.
Rotzinkerz I. 2. 1892.
Roumanit E. 579.
Rowlandit E. 579.
Rubellan II. 551.
Rubellit II. 328.
Ruberit I. 2. 1904.
Rubicell I. 4,1. 7.
Rubidiumfluorid I. 2. 2488.
Rubidiumhexafluoromanganit I. 2. 2563.
Rubidiumhexafluorosilicat I. 2. 2563.
Rubidiummikroklin E. 581.
Rubin I. 2. 1739. 1747.
Rubin, opalisierender I. 2. 1750.
Rubin-Balais I. 2. 1750.
Rubin balais I. 4,1. 7.
Rubinblende I. 1. 558. 562. 1056.
Rubinblende, hemiprismatische I. 1. 985.
Rubinglimmer I. 2. 1991. 1993.
Rubin-Katzenauge I. 2. 1750.
Rubinspinell I. 4,1. 7.
Rubio I. 2. 1831.
Rubrit I. 3,2. 4523.
Ruby-Blende I. 1. 1056.
Ruinenachat I. 2. 1472
Rumänit I. 4,2. 1375. 1392.
Rumpfit II. 752.
Rußkobalt I. 3,1. 3608,
Rutenit I. 1. 963. 614.
Ruthenium I. 1. 141.
Rutherfordin I. 3,1. 3409.
Rutherfordit I. 4,1. 280. 289.
Rutil I. 2. 1585. 1591.
Ryakolith II. 1356.

Sabalit E. 581.
Sacal I. 4,2. 1383.
Saccharit II. 1498.
Sacchit I. 2. 2490.
Sätersbergit I. 1. 867.
Säuerlinge I. 2. 1220.
Säulenglimmer II. 334.
Safflorit I.. 1. 875. 800.
Saflorit I. 1. 800.
Safranit E. 581.
Sagenit I. 2. 1590.
Sagvandit II. 989.
Sahlinit E. 581.
Sahlit II. 1032.
Sahumerio I. 1. 587.
Sakura-ishi II. 931.
Sal I. 2. 2149.
Sal ammoniacum secretum Glauberi I. 3,2. 3661.
Sal ammoniacus I. 2. 2256.
Sal anglicum I. 3,2. 4338.
Sal catharticum I. 3,2. 4338.
Sal de lobo I. 2. 2462.
Sal de San Sebastian I. 3,2 3673.
Sal digestivum Sylvii I. 2. 2242.
Sal mirabile I. 3,2. 4267.
Sal petrae I. 3,1. 2710.
Sal polychrestum Glaseri I. 3,2. 3692.
Sal regeneratum I. 2. 2242.
Sal volatile cornu cervi I. 3,1 2749.
Sal volatile salis ammoniaci I. 3,1. 2726.
Salamstein I. 2. 1749.
Salares I. 3,1. 2700.
Salarmoniac I. 2. 2256. 2149.
Sale alkalino fixo Tartari I. 3,1. 2683.
Sale ammoniacale composto d'acido zulfureo I. 3,2. 3661.
Saleit E. 581.
Salgemma I. 2. 2149.
Salit II 1016. 1032.
Salitre I. 3,1. 2684. 2712.
Salmare I. 2. 2151.
Salmiak I. 2. 2250. 2256.
Salmiak, Glaubers geheimer I. 3,2. 3661.
Salmit II. 671. 674.
Salmoit I. 4,2. 870.
Salmonsit I. 4,2. 1274. 1302.
Salpeter I. 3,2. 2677. 2707.
Salpeter, cristallis cubicis I. 3,1. 2683.
Salpeter, cristallis hexagonis I. 3,1. 2683.
Salpetererde I. 3,1. 2733.
Salpetre I. 3,1. 2712.
Salt, microcosmic I. 4,2. 761.
Salt, native of Phosphorus I. 4,2. 761.
Salt, vesuvian I. 3,2. 3692.
Salvadorit I. 3,2. 4374.
Salz I. 2. 2151.
Salz, Lüneburger I. 2. 2149.
Salz, spanisch I. 2. 2149.
Salzbund I. 2. 2149.
Salzerde I. 2. 2149.
Salzkupfer-Chlorit I. 2. 2576.
Salzkupfererz I. 2. 2572. 2576.
Salzspat I. 2. 2150.
Salzstein I. 2. 2149.
Salzton I. 2. 2155.
Samarskit I. 4,1. 405. 412.
Samiresit E. 582.
Sammetblende I. 2. 1994.
Sammeteisenerz I. 2. 1994.
Samoit II. 309. 1829.
Samsonit E. 583.
Sanbornit E. 587.
Sancy (Diamant) I. 1. 15. 20.
Sand I. 2. 1347.
Sandarache I. 1. 351.
Sandbaryt I. 3,2. 3797. 3886.
Sandbergerit I. 1. 1107.

Sanderz I. 1. 526.
Sandstein I. 2. 1347.
Sandstein, kristallisierter I. 2. 1352. 2174; I. 3,1. 2895. 2925; I. 3,2. 3911. 3947.
Sanfordit E. 588.
Sang-i-yashm II. 784.
Sanguinit I. 1. 1075.
Sanidin II. 1354.
Saphir I. 2. 1739. 1747; II. 911.
Saphir d'eau II. 923.
Saphir, opalisierender I. 2. 1750.
Saphir, weißer I. 2. 1750.
Saphirin II. 433. 897.
Saphir-Katzenauge I. 2. 1750.
Saphirquarz I. 2. 1349. 1380.
Saponit II. 807. 1830.
Sappare II. 153.
Sarandsch I. 3,1. 3590.
Sarawakit I. 2. 2653.
Sarder I. 2. 1470.
Sardinian I. 3,2. 3969. 3980.
Sardion I. 2. 1469.
Sardius I. 2. 1469.
Sardonyx I. 2. 1471.
Sarkinit I. 4,1. 634. 713.
Sarkolith II. 1581. 1787.
Sarkopsid I. 4,1. 704.
Sartorit I. 1. 999. 1002.
Sasbachit II. 1804.
Saspachit II. 1804.
Sassolin I. 2. 1940. 1942.
Sassolin-Hydrargyllit-Gruppe I. 2. 1940.
Satellit E. 588.
Satin spar I. 3,1. 3013.
Saturnus I. 1. 333.
Saualpit II. 202. 1202.
Saugkiesel I. 2. 1507.
Saugschiefer I. 2. 1508.
Saussurit II. 203. 1199. 1552.
Savit II. 1689.
Savodinskit I. 1. 449.
Sawod, Pirosawska satin I. 3,2. 4025.
Saxum calcareum I. 3,1. 2895.
Saxum calcis I. 3,1. 2894.
Saynit I. 1. 965.
Scacchit I. 2. 2489. 2490.
Scarbroit II. 1829.
Scawtit E. 588.
Scepterquarz I. 2. 1352.
Schab I. 3,2. 4188.
Schabasit II. 1772.
Schachal I. 4,2. 1383.
Schadeit I. 4,2. 1126. 1159.
Schätzellit I. 2. 2242.
Schafarzikit I. 4,2. 1313. 1320.
Schah (Diamant) I. 1. 20.
Schairerit E. 589.
Schalenblende I. 1. 558. 595.
Schallerit I. 4,2. 1022. 1086.
Schalstein II. 1005.
Schanjawskit E. 591.
Schapbachit I. 1. 1035.
Scharizerit E. 592.
Schaum I. 3,2. 4294.
Schaumerde I. 3,1. 2895. 2997.
Schaumkalk I. 3,1. 2895. 2984. 2997.
Schaumkammern I. 2. 1478.
Schaumopal E. 593.
Schaumsalz I. 2. 2149.
Schaumwad I. 3,1. 3605.
Schechelet I. 4,2. 1383.
Scheelbleispat I. 3,2. 4092.
Scheelerz I. 3,2. 4070.
Scheelit I. 3,2. 4031. 4059.
Scheelitine I. 3,2. 4092.
Scheelocher I. 2. 1264.
Scheelsäure I. 2. 1264.
Scheelspat I. 3,2. 4070.
Scheererit I. 4,2. 1340. 1374.
Schefferit II. 1016. 1033. 1081.
Scheibeit I. 4,2. 1397. 1416.
Scheibenquarz I. 2. 1363.
Scheibenspat I. 3,1. 2895.
Scherbenkobolt I. 1. 106.
Schernikit E. 594.
Schertalit I. 4,2. 766.
Schertelit I. 4,2. 757. 766.
Schieferspat I. 3,1. 2895.
Schießpulvererz I. 2. 2023.
Schilfglaserz I. 1. 1045.
Schillerfels II. 972.
Schillerquarz I. 2. 1348. 1367.
Schillerspar II. 970.
Schillerspat II. 969.
Schillerstein II. 970.
Schirlkobelt I. 1. 106.
Schirmerit I. 1. 1022.
Schistos I. 2. 1793.
Schistus aluminis Romanus I. 3,2. 4183.
Schizolith E. 594.
Sclackenkobalt I. 1. 876.
Schlanit I. 4,2. 1397. 1422. 1444. 1446.
Schleierquarz I. 2. 1371.
Schmelzstein II. 1556.
Schmelztiegelerde I. 1. 52.
Schmiergraphit I. 1. 52.
Schnee I. 2. 1211. 1220.
Schnee, unbrennbarer I. 4,2. 1444.
Schneebergit I. 4,2. 1159. 1163.
Schneeeis I. 2. 1221.
Schneestein I. 2. 2527.
Schneiderit II. 1675.
Schnitt, rhombischer II. 1436.
Schoenit I. 3,2. 4449. 4471.
Schoepit E. 598.
Schörl II. 327.
Schörl, roter I. 2. 1590.
Schoharit I. 3,2. 3824.
Schokoladenstein I. 3,1. 3215. 3219.
Scholleneis I. 2. 1221.
Schorl bleu I. 2. 1567.
Schorl rouge I. 2. 1590.
Schorlomit II. 81. 83. 91.
Schotts I. 2. 2224.

Schraufit I. 4,2. 1375. 1395.
Schreibeblei I. 1. 51.
Schreibersit I. 1. 191. 154. 958.
Schreibgold I. 1. 884.
Schrifterz I. 1. 487. 884. 888.
Schriftglanz I. 1. 884.
Schriftgranit I. 2. 1347.
Schrifttellur I. 1. 884. 888.
Schröckingerit I. 3,1. 3470. 3510.
Schrötterit II. 1829.
Schuchardtit II. 760.
Schützit I. 3,2. 3929.
Schultenit E. 604.
Schulzenit E. 605.
Schulzit I. 1. 1163.
Schungit I. 1. 50. 55. 67.
Schuppenglanz I. 1. 1198.
Schuppengraphit I. 1. 52.
Schuppenstein II. 521.
Schusterschwarz I. 3,2. 4361.
Schwalbenschwanzzwillinge I. 3,2. 4278.
Schwammflintstein I. 2. 1509.
Schwartzembergit I. 2. 2628. 2630.
Schwarzbleierz I. 3,1. 3059. 3066. 3069. 3083.
Schwarzbraunstein I. 3,1. 3569.
Schwarzbraunstein, blättriger I. 3,1. 3569.
Schwarzbraunstein, dichter I. 3,1. 3607.
Schwarzbraunstein, verhärteter I. 3,1. 3607.
Schwarzbraunsteinerz I. 3,1. 3607; II. 1156. 1162.
Schwarzbraunsteinerz, verhärtetes I. 3,1. 3569.
Schwarzeisenstein I. 3,1. 3607.
Schwarzerz I. 1. 546. 1085. 1152; I. 2. 1813. 2015.
Schwarzgiltigerz I. 1. 1085. 1150. 1153.
Schwarzgülden I. 1. 1085. 1152.
Schwarzgüldenerz I. 1. 1153.
Schwarzgültigerz I. 1. 1153
Schwarzharz I. 4,2. 1399.
Schwarzkohle I. 1. 60.
Schwarzkupfererz I. 2. 1920. 1924.
Schwarzmanganerz I. 3,1. 3570.
Schwarzmanganerz, erdiges I. 3,1. 3611.
Schwarzmanganerz, verhärtetes I. 3,1. 3607.
Schwarzsilberglanz I. 1. 1153.
Schwarzspießglanz I. 1. 1153.
Schwarzspießglanzerz I. 1. 1125.
Schwarztitanerz I. 2. 1860.
Schwarzuranerz I. 3,2. 4159.
Schwatzit I. 1. 1086.
Schwefel I. 1. 68.
Schwefels, Gruppe des I. 1. 68.
Schwefel, verschiedene Modifikationen I. 1. 91.
Schwefelantimonblei I. 1. 1040.
Schwefelarsens, Gruppe des I. 1. 349.
Schwefelblume I. 1. 69.
Schwefelchrom I. 1. 958.
Schwefelkalisalz I. 3,2. 3692.
Schwefelkies I. 1. 722.
Schwefelkiesgruppe I. 1. 713.
Schwefelkobalt I. 1. 614.
Schwefelkupfers, reguläre Modifikation des I. 1. 538.
Sohwefelnickel I. 1. 608.
Schwefelselen I. 1. 95. 96.
Schwefelselentellurwismut I. 1. 403.
Schwefelselenzinkquecksilber I. 1. 705.
Schwefelsilber I. 1. 437.
Schwefeltellurwismut I. 1. 403.
Schwefeltrioxyd mit Arsentrioxyd I. 2. 1230.
Schwefelwässer I. 2. 1220.
Schwefelzinks, Gruppe des I. 1. 545.
Schweinszähne I. 3,1. 2895. 2897.
Schweizerit II. 770. 780.
Schwerbleierz I. 2. 1717.
Schwermetalle, Gruppe der weichen 1. 1. 197.
Schwerspat I. 3,2. 3822.
Schwerspat, faseriger I. 3,2. 3929.
Schwerspat, krummschaliger I. 3,2. 3824.
Schwerstein I. 3,2. 4070; II. 1328.
Schwimmkiesel I. 2. 1507. 1523.
Schwimmquarz I. 2. 1507.
Schwimmstein I. 2. 1507.
Scolexerose II. 1570.
Scorza II. 220.
Scoulerit II. 1664.
Scovillit I. 4,2. 1275.
Seamanit I. 4,2. 1022. 1085.
Searlesit E. 606.
Sebesit II. 1212.
Sebkha I. 2. 2224.
Sedativsalz I. 2. 1942; I. 4,1. 152.
Seebachit II. 1781.
Seebernstein I. 4,2. 1381.
Seeeis I. 2. 1221.
Seeerz I. 2. 2010. 2020. 2022.
Seekreide I. 3,1. 2896.
Seelandit I. 3,2. 4506.
Seesaltz I. 2. 2149.
Seesalz I. 2. 2149.
Seestein I. 4,2. 1381.
Seffstromit E. 608.
Segima (Diamant) I. 1. 20.
Sehta I. 1. 777.
Seidengips I. 3,2. 4284.
Seifengold I. 1. 242.
Seifenstein II. 807.
Seifenzinn I. 2. 1684.
Sel acide-phosphorique martial I. 4,2. 1155.
Sel ammoniac I. 2. 2257.
Sel gemme I. 2. 2150.
Sel marin I. 2. 2150.
Seladonit II. 849. 851.
Selen I. 1. 97.
Selen, gediegen E. 608.

Selenblei I. 1. 516.
Selenbleiglanz I. 1. 517.
Selenbleikupfer I. 1. 519.
Selenbleispat I. 3,1. 3537; I. 3,2. 4007.
Selenbleiwismutglanz I. 1. 1012.
Selencadmium I. 1. 605.
Selenide I. 1. 347.
Sélénite cunéiforme I. 3,2. 4295.
Selenites I. 3,1. 2895.
Selenites rhomboidales I. 3,1. 2895.
Selenige Säure I. 2. 1251.
Selenkobaltblei I. 1. 517.
Selenkobaltbleiglanz I. 1. 517.
Selenkupfer I. 1. 543.
Selenkupferblei I. 1. 519.
Selenkupferbleiglanz I. 1. 519.
Selenobismuthit E. 609.
Selenolith I. 2. 1251.
Selenpalladium I. 1. 133.
Selenquecksilber I. 1. 707.
Selenquecksilberblei I. 1. 521. 708.
Selenquecksilberbleiglanz I. 1. 521.
Selenquecksilberkupfer I. 1. 521.
Selenquecksilberkupferblei I. 1. 521.
Selenschwefel I. 1. 95. 96.
Selenschwefelquecksilber I. 1. 706.
Selensilber I. 1. 455.
Selensilberbleiglanz I. 1. 456. 517. 519.
Selensilberglanz I. 1. 456.
Selentellur I. 1. 100.
Selentellurwismut I. 1. 403.
Selenwismutglanz I. 1. 400.
Selenwismutzink I. 1. 401.
Seligmannit I. 1. 1002. 1137.
Sellait I. 2. 2354.
Selwynit II. 847.
Semelin II. 1615. 1617. 1618.
Semseyit I. 1. 1039.
Senait I. 2. 1883.
Senarmontit I. 2. 1234.
Sepiolith II. 811.
Sérandit E. 609.
Serendibit E. 610.
Sericit II. 610. 612. 613. 621. 626.
Serikon I. 3,1. 3590.
Serpentin II. 761.
Serpentinasbest II. 767.
Serpentingruppe II. 761.
Serpierit I. 3,2. 4385. 4390.
Serpophit E. 612.
Sesquicuprosulfarseniat I. 1. 1002.
Sesqui-Magnesiaalaun I. 3,2. 4507.
Settlingit I. 4,2. 1441. 1442.
Severit II. 1827.
Sexangulit I. 1. 471; I. 4,1. 574.
Seybertit II. 664. 665.
Sfeno II. 1615.
Shannonit E. 612.
Shattuckit E. 613.
Shepardit I. 1. 192. 958; II. 969.
Shergottit I. 1. 161; II. 1093.
Sheridanit E. 613.
Shinkolobwit E. 617.
Siberit II. 328.
Sicklerit I. 4,1. 234.
Siderazot I. 1. 189.
Siderisches Platin I. 1. 141.
Siderit I. 1. 161; I. 2. 1349; I. 3,1. 3146; I. 4,2. 1130.
Siderocalcit I. 4,2. 1105.
Siderochalcit I. 4,2. 1105.
Siderodot I. 3,1. 3161.
Sideroferrit I. 1. 163.
Siderokalzit I. 4,2. 1105.
Sideroklept II. 21.
Siderokonit I. 3,1. 2896.
Siderolith I. 1. 161.
Sideronatrit I. 3,2. 4520.
Siderophyllit II. 551. 572.
Siderophyr I. 1. 161; II. 996.
Sideroplesit I. 3,1. 3161. 3165.
Sideroschisolith II. 742. 745.
Siderose I. 3,1. 3160.
Siderotil I. 3,2. 4384.
Siderotitanium I. 2. 1856.
Siegburgit I. 4,2. 1397. 1412.
Siegelerde II. 1828.
Siegenit I. 1. 959. 961.
Siemlotka I. 2. 2194.
Siena, Terra di I. 2. 2015. 2054; II. 848.
Sigterit II. 1464.
Sigtesit II. 1464.
Silaonit I. 1. 402.
Silber I. 1. 218.
Silber, güldisches I. 1. 229. 232. 233.
Silber, wismutisches I. 1. 1036.
Silberachat I. 1. 223; I. 2. 1482.
Silberamalgam I. 1. 322.
Silberanalcim E. 617.
Silberantimon I. 1. 425.
Silberantimonglanz I. 1. 979.
Silberbleifahlerz I. 1. 1108.
Silberchabasit E. 617.
Silbererz, alkalisches I. 2. 2290.
Silbererz, gelbgrünes I. 3,1. 3624.
Silbererz, graues I. 1. 1085.
Silberfahlerz I. 1. 1085. 1086.
Silberfluorid I. 2. 2488.
Silberglätte I. 2. 1937.
Silberglanz I. 1. 435.
Silberglanz, rhombischer I. 2. 1153.
Silberglanzerz I. 1. 436.
Silberglanzgruppe I. 1. 435.
Silberglas I. 1. 436.
Silberglaserz I. 1. 436.
Silberhornerz I. 2. 2277. 2282.
Silberhornspat I. 2. 2283.
Silberjamesonit E. 618.
Silberkerat I. 2. 2277. 2282.
Silberkies I. 1. 968.
Silberkiesgruppe I. 1. 968.
Silberkupferglanz I. 1. 539.
Silbermulm I. 1. 437.
Silberphyllinglanz I. 1. 901.

Silberschwärze I. 1. 437.
Silberspat I. 2. 2283.
Silberspießglanz I. 1. 425.
Silbertripel I. 2. 1507.
Silberwismut I. 1. 432.
Silberwismutglanz I. 1. 991.
Silesit E. 618.
Silfbergit II. 1197. 1223.
Silfver I. 1. 220.
Silicate II. 1.
Silicate (wasserhaltige amorphe II. 1827.
Silicit II. 1519.
Siliciumeisen I. 1. 191.
Silicium-Favas I. 2. 1582.
Siliciumfluoride, Gruppe der I. 2. 2561.
Siliciumtetrafluorid I. 2. 2562.
Silicoborocalcit II. 469.
Silicomagnesiofluorit E. 618.
Sillimanit II. 141.
Silvan I. 1. 102.
Silver I. 1. 220.
Silvestrit I. 1. 189.
Silvialith E. 619.
Simetit I. 4,2. 1375. 1395.
Simlait II. 845.
Simonellit I. 4,2. 1340. 1360.
Simonyit I. 3,2. 4461.
Sincosit I. 4,2. 972. 1009. 1092.
Sindura I. 3,1. 3590.
Sinopel I. 1. 247. 484; I. 2. 1378.
Sinopit II. 1831.
Sinopsis I. 3,1. 3589.
Sipylit I. 4,1. 240. 375.
Siricum I. 3,1. 3590.
Sismondin II. 666. 669. 673.
Sisserskit I. 1. 135.
Sitaparit I. 3,1. 3598. 3610. 3630.
Sizilianit I. 3,2. 3939.
Sjögrufvit I. 4,2. 1274. 1302.
Skapolith II. 1554.
Skapolithgruppe II. 1554.
Skaptolith II. 1554.
Skarn I. 1. 947; I. 2. 1701; II. 1222.
Skemmatit I. 3,1. 3598. 3637.
Skiagit E. 619.
Skimmer II. 520.
Skleretinit I. 4,2. 1397. 1421.
Skleroklas I. 1. 999. 1001.
Skleroklasit E. 619.
Sklerospathit E. 619.
Sklodowskit E. 619.
Skölar I. 1. 757.
Skogbölit I. 4,1. 433.
Skolecit II. 1684. 1698.
Skolecit, wasserfreier II. 1570
Skolopsit II. 901.
Skorodit I. 4,2. 1274. 1289.
Skorza II. 220.
Skutterudit I. 1. 880.
Slavikit I. 3,2. 4423.
Slipper Iron I. 3,1. 3156.
Sloanit II. 1664.
Smalte, natürliche I. 4,2. 1129.
Smaltin I. 1. 797.
Smaltit I. 1. 799.
Smaragd II. 1278.
Smaragd, orientalischer I. 2. 1750.
Smaragdfluß II. 1279.
Smaragdit II. 1032. 1201.
Smaragd-Malachit II. 455.
Smaragd-Mutter II. 1279.
Smaragdochalcit I. 2. 2576; II. 455.
Smaragdspat II. 1279.
Smectit II. 1828.
Smektit II. 1828.
Smeraldo II. 1278.
Smergel I. 2. 1747.
Smeriglio I. 2. 1747.
Smirgel I. 2. 1739. 1747.
Smiris I. 2. 1747.
Smithit E. 623.
Smithonit I. 3,1. 3220.
Smithsonit II. 1317.
Snaiderit II. 1675.
Snarumit II. 1183.
Soaprock Soapstone II. 807.
Sobralit E. 627.
Soda I. 3,1. 2748. 2778. 3469.
Soda, natürliche ägyptische I. 3,1. 2764.
Soda, natürliche I. 3,1. 2782.
Soda, subcarbonate of I. 3,1. 2780.
Soda-Melilith E. 627.
Soda Niter I. 3,1. 2684.
Soda Nitre I. 3,1. 2684.
Sodaberzeliit I. 4,1. 211.
Sodait II. 1555.
Sodalith II. 885.
Sodalith-Haüyngruppe II. 883.
Soda-table-spar II. 1136.
Sodatremolit E. 627.
Soddit E. 628.
Soddyit E. 628.
Sodesalz I. 2. 2149.
Sodico I. 3,1. 2684.
Soimonit I. 2. 1757.
Solfo I. 1. 73.
Soliman I. 3,1. 3083.
Sombrerit I. 4,2. 1021. 1035.
Sommarugait I. 1. 784.
Sommervillit II. 465. 1584. 1587.
Sommit II. 855. 874.
Sonnenstein II. 1353. 1357. 1475. 1485. 1487.
Sonomait I. 3,2. 4506.
Soolquellen I. 2. 1220.
Sorbit I. 1. 191.
Soretit E. 631.
Soroche I. 1. 506.
Soude I. 3,1. 2773. 2780.
Soude anhydre gypsifère I. 3,2. 3716.
Soude carbonatée I. 3,1. 2758. 2773. 2780.
Soude carbonatée naturelle I. 3,1. 2758.
Soude muriatée I. 2. 2150.
Soude nitratée I. 3,1. 2683.

Soude nitratée native I. 3,1. 2683.
Soude, sous-carbonate de I. 3,1. 2773.
Souesit E. 634.
Soumansit I. 4,1. 629; I. 4,2. 845. 850. 938.
Sousulfate I. 3,2. 4184.
Soussulfate silicifère I. 3,2. 4184.
Spadait II. 810.
Spärkies I. 1. 722.
Spak I. 2. 2150.
Spalmandit E. 634.
Spandit E. 634.
Spangit II. 1808.
Spangolith I. 3,2. 4534.
Spaniolith I. 1. 1086.
Sparable-tin I. 2. 1698.
Spargelstein I. 3,1. 2895; I. 4,1. 514.
Spartait I. 3,1. 2849. 2895. 2951.
Spartalith I. 2. 1892.
Spat I. 3,1. 2895.
Spat, isländischer I. 3,1. 2895.
Spat magnesien I. 3,1. 3298.
Spateisenstein I. 3,1. 3160.
Spath adamantin I. 2. 1748.
Spath calcaire I. 3,1. 2895. 2897.
Spath chatoyant II. 970.
Spath en tables II. 1005.
Spath perlé I. 3,1. 3298.
Spathiopyrit I. 1. 875.
Spathum prismaticum I. 3,1. 2990.
Spatrosen I. 3,1. 2895.
Spatum I. 3,1. 2894.
Spatum, bononiense I. 3,2. 3823.
Spatum, pellucidum objekta duplicans I. 3,1. 2895.
Spatum plumpi I. 3,1. 3059.
Spatum tessulare I. 3,2. 3823.
Speckstein II. 815.
Specular ore I. 2. 1848.
Specularis II. 520.
Specularit I. 2. 1793.
Speculit E. 634.
Speerkies I. 1. 722. 816.
Speiskobalt I. 1. 797.
Speiskobalt, faseriger I. 1. 773.
Speiskobelt I. 1. 799.
Speiskobold I. 1. 799.
Spelter I. 1. 557.
Spencerit I. 4,2. 862. 867. 1091.
Sperrylith I. 1. 812.
Spessartin II. 67.
Spessartit I. 2. 1861.
Speziait E. 635.
Sphärit I. 4,2. 897. 929.
Sphärodesmin II. 1814.
Sphärokobaltit 1. 3,1. 3249.
Sphäromagnesit E. 636.
Sphärosiderit I. 3,1 3160.
Sphärostilbit II. 1814.
Sphalerit I. 1. 550. 559.
Sphen II. 1609. 1615.
Sphenoklas II. 943.
Sphenomanganit E. 636.
Sphragid II. 1828.
Sphragidit II. 1828.
Spiauter I. 1. 557.
Spiauterit 1. 1. 559. 595.
Spiegelblende I. 1. 558.
Spiegelerz I. 2. 1793.
Spießglanz I. 1. 372. 116.
Spießglanzbleierz I. 1. 1125.
Spießglanzblende I. 1. 1203.
Spießglanzblume I. 2. 1239.
Spießglanzfahlerz I. 1. 1086.
Spießglanzocker I. 2. 1252.
Spießglanzoxydul I. 2. 1252.
Spießglanzsilber I. 1. 425.
Spießglas I. 1. 116. 372.
Spießglaserz I. 1. 372.
Spießglaserz, rotes I. 1. 1203.
Spießglasfedererz I. 1. 1024.
Spießglasocker I. 2. 1252.
Spießglassilber I. 1. 425.
Spinell I. 4,1. 3. 4; I. 4,2. 1130.
Spinell, schwarzer I. 4,1. 28.
Spinellan II. 897.
Spinellus I. 4,1. 15.
Spinellus superior I. 4,1. 28.
Spinther II. 1615. 1631.
Spiralen, Airy'sche I. 2. 1291.
Spizasalz I. 2. 2194.
Spodiophyllit E. 637.
Spodiosit I. 4,1. 675.
Spodumen II. 1117.
Spodumen, β, II. 1121.
Spongolith I. 2. 1510.
Sporadosiderit I. 1. 161.
Sporogelit E. 638.
Spreustein II. 863. 879. 890. 1485. 1555. 1693.
Spritzloch I. 2. 1478.
Sprödglanzerz I. 1. 1153.
Sprödglaserz I. 1. 1150. 1153.
Sprödglimmer II. 657.
Sprödmetalle, Gruppe der rhomboedrischen I. 1. 100.
Sprudelstein I. 3,1. 3004.
Spurrit E. 638.
Staarstein I. 2. 1475.
Stachelschweinsteine I. 2. 1994.
Stängelerz I. 1. 487; I. 2. 2049.
Stängelkobalt I. 1. 804.
Staffelit I. 4,2. 1021. 1028.
Stagmalit E. 641.
Stagmatit I. 2. 2492.
Stagno I. 1. 341.
Stahlantimonglanz I. 1. 1025.
Stahlerz I. 1. 681. 686. 703. 773. 863.
Stahlkobalt I. 1. 773. 774.
Stahlstein I. 3,1. 3160.
Stainierit E. 641.
Stalactites flos ferri I. 3,1. 3002.
Stalagmiteneis I. 2. 1221.
Stalagmites coralloides I. 3,1. 3002.

Stalaktiteneis I. 2. 1221.
Stallsalmiak I. 2. 2256.
Stanekit I. 4,2. 1428. 1435. 1444. 1446.
Stangen-Binnit I. 1. 1001.
Stangenspat I. 3,2. 3829.
Stannin I. 1. 1187. 1189.
Stannit I. 1. 1189; I. 2. 1700.
Stantienit I. 4,2. 1397. 1398.
Stanzait II. 130.
Starlit E. 644.
Starolit E. 644.
Stascizit I. 4,2. 862. 880.
Stasit I. 4,2. 1020.
Staßfurtit I. 4,1. 104. 125.
Staszizit I. 4,2. 880.
Staurolith II. 417. 1794.
Staurotide II. 419. 1794.
Stean I. 2. 1697.
Steargilit II. 1829.
Steatargillit II. 1829.
Steatit II. 815.
Steeleit II. 1825.
Steenstrupin II. 439.
Steigerit E. 644.
Steinchen, schwarze I. 4,1. 17.
Steinheilit II. 923. 930.
Steinkohle I. 1. 68.
Steinmannit I. 1. 482. 495.
Steinmark II. 834.
Steinmeteoriten I. 1. 161. 170.
Steinquarz I. 2. 1371.
Steinsalz I. 2. 2101. 2150.
Steinsalz, Absorption I. 2. 2139.
Steinsalz, Ätzfiguren I. 2. 2147.
Steinsalz, Analysen I. 2. 2227.
Steinsalz, andere Arten von Vorkommen I. 2. 2173.
Steinsalz, Ausdehnungs-Coëfficienten I. 2. 2143.
Steinsalz, Bildung I. 2. 2157.
Steinsalz, Brechungsquotienten I. 2. 2130.
Steinsalz, Brechungsquotienten, thermische Änderung I. 2. 2134.
Steinsalz, Bruch I. 2. 2129.
Steinsalz, chemische Zusammensetzung I. 2. 2151.
Steinsalz, diamagnetisch I. 2. 2141.
Steinsalz, diatherman I. 2. 2141.
Steinsalz, Dichte I. 2. 2130.
Steinsalz, Diëlektrizitäts-Konstante I. 2. 2140.
Steinsalz, Elastizitäts-Koëffizienten I. 2. 2143.
Steinsalz, elektrische Leistungsfähigkeit I. 2. 2140.
Steinsalz, Färbungen (besonders blau) I. 2. 2109.
Steinsalz, Färbungen (Mikrostruktur) I. 2. 2112.
Steinsalz, Färbungen (Makrostruktur) I. 2. 2113.
Steinsalz, Fluoreszenz I. 2. 2139.
Steinsalz, Fundorte I. 2. 2175.
Steinsalz, Gleitflächen I. 2. 2124.
Steinsalz, Habitus der Kristalle I. 2. 2101.
Steinsalz, Härte I. 2. 2129.
Steinsalz, Historisches I. 2. 2148.
Steinsalz, Isomorphie I. 2. 2153.
Steinsalz, Kristallformen I. 2. 2101.
Steinsalz, künstliche Färbung I. 2. 2113.
Steinsalz, Leuchten durch Röntgenstrahlen I. 2. 2140.
Steinsalz, Löslichkeit I. 2. 2145.
Steinsalz, optische Anomalien I. 2. 2135.
Steinsalz, Phosphoreszenz I. 2. 2140.
Steinsalz, plastische Umformung I. 2. 2127.
Steinsalz, Pleochroismus I. 2. 2137.
Steinsalz, Pseudomorphosen I. 2. 2173.
Steinsalz, Schallgeschwindigkeit I. 2. 2143.
Steinsalz, Schlagfigur I. 2. 2125.
Steinsalz, Schmelzbarkeit I. 2. 2144.
Steinsalz, Spaltbarkeit I. 2. 2122.
Steinsalz, spezifische Wärme I. 2. 2143.
Steinsalz, Strich I. 2. 2121.
Steinsalz, Untersuchungen van t'Hoffs I. 2. 2161.
Steinsalz, Vorkommen in Steinsalzlagern I. 2. 2154.
Steinsalz Wärmeleitung I. 2. 2142.
Steinsalz Zwillinge I. 2. 2109.
Stellerit E. 646.
Stellit II. 1136. 1691.
Stelznerit I. 3,2. 4221.
Stephani, gemma divi I. 2. 1472. 1486.
Stephanit I. 1. 1150. 1153.
Stephansstein I. 2. 1472. 1486.
Steppensalz I. 2. 2173.
Sterkorit I. 4,2. 757. 758.
Sterlingit I. 2. 1892.
Stern von Este (Diamant) I. 1. 20.
Stern von Südafrika (Diamant) I. 1. 33.
Sternachat I. 2. 1472.
Sternbergit I. 1. 968.
Sterngips I. 3,2. 4283.
Sternquarz I. 2. 1351. 1362. 1374.
Sternrubin I. 2. 1750.
Sternsaphir I. 2. 1750.
Sternstein I. 2. 1747. 1750.
Stetefeldtit I. 1. 996; I. 2. 1258.
Stevensit E. 649.
Stewart (Diamant) I. 1. 33.
Stewartit I. 4,2. 1202. 1230; E. 650.
Stibferrit I. 1. 1161; I. 2. 1258.
Stibianit I. 2. 1257.
Stibiatil I. 4,2. 1166. 1189.
Stibiconise I. 2. 1252.
Stibiconit I. 2. 1252.
Stibine I. 1. 372.
Stibiobismuthinit E. 651.
Stibiocolumbit I. 4,1. 386.
Stibiodomeykit E. 651.
Stibioferrit I. 2. 1258.

Stibiogalenites I. 4,2. 833.
Stibiohexargentit I. 1. 425.
Stibioluzonit E. 651.
Stibiopalladinit E. 653.
Stibiotantalit I. 4,1. 240. 382.
Stibiotriargentit I. 1. 425.
Stibium I. 1. 116.
Stiblith I. 2. 1251. 1252.
Stibnit I. 1. 372.
Stichtit I. 3,1. 3470. 3524.
Stilbit II. 1752. 1814.
Stilpnochloran E. 654.
Stilpnomelan II. 757.
Stilpnosiderit I. 2. 2008. 2011.
Stinkfluß I. 2. 2420.
Stinkflußspat I. 2. 2420.
Stinkkalk I. 3,1. 2951.
Stinkquarz I. 2. 1351.
Stinkstein I. 3,1. 2895.
Stinkzinnober I. 1. 672.
Stirlingit II. 34.
Stockscheider I. 2. 1687.
Stöchiolith I. 1. 425.
Stoffertit I. 4,2. 785.
Stokesit E. 655.
Stolpenit II. 1829.
Stolzit I. 3,2. 4031. 4088.
Strahlen I. 2. 1352.
Strahlenblende I. 1. 558. 595.
Strahlenkupfer I. 4,2. 1105.
Strahler I. 2. 1352.
Strahlerz I. 4,2. 1105.
Strahlkies I. 1. 722. 816.
Strahlstein I. 4,2. 1121; II. 1193.
Strahlzeolith II. 1812. 1752.
Straits-Zinn I. 2. 1703.
Strakonitzit II. 1054.
Strandsalz I. 2. 2149.
Stratopeit II. 1162.
Stream-tin I. 2. 1685.
Strelice I. 2. 1378.
Strengit I. 4,2. 1274. 1286.
Strengit, manganhaltiger I. 4,2. 1297.
Striegisan I. 4,2. 905.
Strigovit II. 746.
Strogonowit II. 1555. 1571.
Strohräuber I. 4,2. 1383.
Stromeyerin I. 1. 540.
Stromeyerit I. 1. 539.
Stromnit I. 3,1. 3033.
Stromzinn I. 2. 1685.
Strontian, Mineral von I. 3,1. 3027.
Strontianit I. 3,1. 2958. 3022. 3110.
Strontianocalcit I. 3,1. 2953. 2896.
Strontiansalpeter I. 3,1. 2739.
β-Strontiumcarbonat I. 3,1. 3022.
Strontiumfluorid I. 2. 2487.
Strontiumjodat I. 3,1. 2746.
Strontiumnitrat I. 3,1. 2733. 2739.
Strontiumnitrat-Tetrahydrat I. 3,1. 2739.
Strüverit II. 671. 673.
Struvit I. 4,2. 1196.
Studerit I. 1. 1100.
Stützit I. 1. 433.
Stüvenit I. 3,2. 4507.
Sturtit E. 657.
Stylobat II. 308.
Stylotyp I. 1. 1122.
Stylotypit I. 1. 1122.
Stypterit I. 3,2. 4406.
Stypticit I. 3,2. 4396. 4412. 4428.
Subdelessit II. 750.
Sub-Melilith E. 657.
Succin jaune I. 4,2. 1383.
Succinellit I. 4,2. 1444. 1446.
Succinit I. 4,2. 1375; II. 51.
Succino I. 4,2. 1383.
Südstern (Diamant) I. 1. 6. 22.
Süßwasserdolomit I. 3,1. 3278.
Süßwassereis I. 2. 1221.
Sulfantimonite I. 1. 974.
Sulfapatit I. 4,1. 488.
Sulfarseniate I. 1. 1176.
Sulfarsenite I. 1. 974.
Sulfatallophan II. 1828.
Sulfate de Soude et de Chaux, double I. 3,2. 3716.
Sulfatmarialith E. 658.
Sulfatmejonit E. 658.
Sulfato-Carbonate of Barytes I. 3,1. 3043
Sulfide I. 1. 437.
Sulfobismutite I. 1. 974.
Sulfoborit I. 4,1. 193.
Sulfogermanate I. 1. 1187.
Sulfohalit I. 3,2. 4235.
Sulfosalze I. 1. 347. 974.
Sulfosalze, Gruppe der basischen I. 1. 1142.
Sulfosalze, Gruppe der intermediären I. 1. 1016.
Sulfostannate I. 1. 1187.
Sulfuricin I. 2. 1539.
Sulfurit I. 1. 91.
Sulphate of ammoniac I. 3,2. 3661.
Sulphur I. 1. 73.
Sulvanit I. 1. 1184.
Sumpfbutter I. 4,2. 1444.
Sumpferz I. 2. 2010. 2011. 2020.
Sumpfgas I. 4,2. 1361.
Sundtit I. 1. 1007.
Sundvikit II. 1537. 1546.
Sunstone II. 1353.
Supersulfuret of lead I. 1. 501.
Sursassit E. 658.
Susannit I. 3,2. 4246.
Sussexit I. 4,1. 88. 95.
Svabit I. 4,1. 488. 607.
Svafvel I. 1. 73.
Svanbergit I. 4,2. 721. 737. 1116.
Svartmalm I. 2. 1836.
Swedenborgit E. 659.
Sychnodymit I. 1. 963.
Sycpoorit I. 1. 614.
Syhedrit II. 1820.

Sylvane I. 1. 884.
Sylvanit I. 1. 102. 885. 888.
Sylvii, sal digestivum I. 2. 2242.
Sylviit I. 2. 2242.
Sylvin I. 2. 2155. 2231. 2242.
Sylvinit I. 2. 2155. 2244.
Sylvit I. 2. 2242.
Symplesit I. 4,2. 1235. 1251.
Synadelphit I. 4,2. 1166. 1171.
Synchysit I. 3,1. 3422. 3426. 3429. 3439.
Syngenit I. 3,2. 4448. 4449.
Syntagmatit II. 1203. 1218. 1231.
Sysertskit I. 1. 133. 135.
Sysserskit I. 1. 135.
Syssiderit I. 1. 161.
Systyl I. 2. 1477.
Szaboit II. 969. 981.
Szajbélit I. 4,1. 88. 96.
Szechenyit E. 663.
Szmikit I. 3,2. 4324. 4333.
Szomolnokit E. 666.
Szpak I. 2. 2150. 2154. 2194.
Szybiker Salz I. 2. 2194.

Tabakerz I. 4,2. 1108.
Tabaschir I. 2. 1510.
Tabbyit E. 666.
Tabergit II. 700. 715.
Tachel I. 1. 52.
Tachhydrit I. 2. 2375.
Tachyaphaltit I. 2. 1651.
Tachydrit I. 2. 2375.
Tachyhydrit I. 2. 2375.
Täljsten II. 816.
Taenit I. 1. 156. 185.
Tafelspat II. 1005.
Tagilit I. 4,2. 862. 865.
Tainiolith E. 667.
Taj-e-mah (Diamant) I. 1. 20.
Takizolit E. 668.
Talcit II. 847.
Talcosit II. 847.
Talcum II. 816.
Talcum carbonicum I. 3,1. 3127.
Talk II. 815.
Talk, nickelhaltiger II. 804.
Talk, phosphorsaurer I. 4,1. 693.
Talkapatit I. 4,1. 515.
Talkchlorit II. 700. 713. 715.
Talkerde, reine I. 3,1. 3127.
Talkhydrit I. 2. 2080.
Talkknebelit E. 669.
Talkoid II. 817. 819.
Talkspinell I. 4,1. 3. 4.
Talksteinmark II. 837.
Talktriplit I. 4,1. 698.
Tallingit I. 2. 2597.
Taltalit II. 328. 354.
Tamanit I. 4,2. 1221.
Tamarit I. 4,2. 890.
Tamarugit I. 3,2. 4489.
Tammelatantalit I. 4,1. 433.
Tanatarit E. 669.
Tangeit I. 4,1. 677; I. 4,2. 888.
Tangiwai II. 784. 1199. 1248.
Tankit II. 1537. 1543.
Tannenit I. 1. 997.
Tantalit I. 4,1. 429. 432. 437.
Tantalit, mit zimtbraunem Pulver I. 4,1. 432.
Tantalit, symmetrischer I. 4,1. 448.
Tantalit, von Sukula I. 4,1. 435.
Tantalocker I. 2. 1259.
Tantal-Samarskit I. 4,1. 408.
Tanteuxenit E. 669.
Tapalpit I. 1. 1141.
Tapanhoacanga I. 1. 22; I. 2. 2068.
Tapiolit I. 4,1. 429. 431.
Taramellit E. 669.
Taramit E. 670.
Taranakit I. 4,2. 910.
Tarapacait I. 3,2. 3657. 3662.
Taraspit I. 3,1. 3112. 3229. 3312. 3337.
Tarbuttit I. 4,1. 634. 718.
Targionit I. 1. 491. 492. 502.
Tarnowitzit I. 3,1. 2958. 2999. 3020. 3041. 3110.
Tartuffit E. 673.
Tasmanit I. 4,2. 1423. 1424.
Tatarkait E. 673.
Tautoklin I. 3,1. 3299. 3334.
Tautolith II. 261. 262.
Tavistockit I. 4,2. 1125. 1139.
Tawmawit E. 673.
Taylorit I. 3,2. 3657. 3664. 3695; E. 675.
Taznit I. 4,2. 768. 843.
Teallit E. 675.
Tecticit I. 2. 2419.
Teepleit E. 681.
Teicheis I. 2. 1221.
Tekticit I. 3,2. 4407.
Telaspyrin I. 1. 763.
Telegdit I. 4,2. 1423. 1427.
Télésie I. 2. 1748.
Telgsten II. 816.
Telkebanyer Stein I. 2. 1517.
Telkobanier Stein I. 2. 1505.
Tellur I. 1. 101.
Tellurblättererz I. 1. 884. 899.
Tellurblei I. 1. 514.
Tellurcadmium I. 1. 605.
Tellur-Eisen I. 1. 153.
Tellurglanz I. 1. 884.
Tellurgold I. 1. 104.
Tellurgoldsilber I. 1. 449.
Telluride I. 1. 347.
Tellurige Säure I. 2. 1250.
Tellurit I. 2. 1249. 1250.
Tellurnickel I. 1. 712.
Tellurocker I. 2. 1249. 1250.
Tellurquecksilber I. 1. 710.
Tellurschwefel I. 1. 87. 95.
Tellursilber I. 1. 449.

Tellursilberblende I. 1. 434. 450.
Tellursilberglanz I. 1. 434. 450.
Tellurwismut I. 1. 402.
Tellurwismutglanz I. 1. 403.
Tellurwismuts, Gruppe des I. 1. 402.
Tellurwismutsilber I. 1. 1141.
Temiskamit E. 681.
Tenellum I. 3,1. 2734.
Tengerit I. 3,1. 3469. 3501.
Tenn I. 1. 341.
Tennantit I. 1. 1082. 1086. 1104.
Tenorit I. 2. 1920. 1923.
Tephroit II. 30.
Teratolith II. 845.
Terenit II. 1573.
Terlinguait I. 2. 2602. 2606.
Termierit E. 681.
Ternärbleierz I. 3,2. 4250.
Ternowskit E. 683.
Terra calcarea phlogisto et acido vitrioli mixta I. 3,2. 3823.
Terra di Siena I. 2. 2015; II. 848.
Terra Hoppiana I. 3,1. 2997.
Terra ponderosa I. 3,2. 3822.
Terra ponderosa aerata I. 3,1. 3042.
Terra sigillata II. 1828.
Teruelit I. 3,1. 3299.
Teschemacherit I. 3,1. 2748.
Teschemacherit, amorpher I. 3,1. 2751.
Teschemacherit, prismatischer I. 3,1. 2751.
Tesseralkies I. 1. 880.
Tetaëdrit I. 1. 1082. 1085.
Tetartin II. 1428.
Tetraammoniumtricarbonat-Dihydrat I. 3,1. 2748.
Tetradymit I. 1. 402.
Tetragophosphit I. 4,2. 1125. 1135.
Tetrakaliumtricarbonat-Trihydrat I. 3,1. 2754.
Tetramercuritrioxychlorid I. 2. 2622.
Tetraphylin I. 4,1. 230.
Texalith I. 2. 2080.
Texasit I. 3,1. 3528.
Thalackerit II. 1185.
Thalheimit I. 1. 841.
Thalit II. 807.
Thallit II. 220.
Thalliumhexafluorosilikat I. 2. 2563.
Thallofluorid I. 2. 2488.
Tharandit I. 3,1. 3299. 3304. 3334.
Theophrastit I. 1. 965.
Thenardit I. 3,2. 3657. 3665.
Thenardithalit I. 3,2. 3678.
Thermen I. 2. 1220.
Thermokalit E. 684.
Thermonatrit I. 3,1. 2748. 2758. 2768. 2772. 3469.
Thermonitrit I. 3,1. 2773.
Thermophyllit II. 770. 781. 783.
Thierschit I. 4,2. 1344.
Thinolith I. 3,1. 2790. 3411.
Thiodinspat, bleiischer I. 3,2. 3980.
Thiodinspat, strontischer I. 3,2. 3929.
Thiodinspat, synthetischer I. 3,2. 3824.
Thiodinus barytosus I. 3,2. 3823.
Thiodinus plumbosus I. 3,2. 3980.
Thiodinus strontosus I. 3,2. 3929.
Thiodinus syntheticus I. 3,2. 3824.
Thiodinus zinkosus I. 3,2. 4011.
Thiörsauit II. 1537. 1545.
Thomäit I. 3,1. 3160.
Thomsenolith I. 2. 2540.
Thomsonit II. 1660. 1662.
Thorianit I. 2. 1668.
Thorit I. 2. 1671.
Thoritgruppe I. 2. 1668.
Thorogummit I. 2. 1678.
Thorotungstit E. 684.
Thortveitit E. 685.
Thoruranin I. 3,2. 4153.
Thrombolith I. 4,2. 1313. 1323
Thucholith E. 688.
Thulith II. 202. 206. 207.
Thumerstein II. 494.
Thuringit II. 740.
Tiemannit I. 1. 707.
Tigerauge I. 2. 1349. 1425; II. 1266.
Tigererz I. 1. 441. 1153.
Tikhvinit E. 691.
Tilasit I. 4,1. 634. 710.
Tilkerodit I. 1. 517.
Tilleyit E. 691.
Timazit II. 1219.
Tin I. 1. 341.
Tinguait II. 866.
Tinkal I. 4,1. 152.
Tinkalcit I. 4,1. 159.
Tinkalkonit E. 691.
Tinkâr I. 4,1. 152.
Tinzenit E. 692.
Tirolit I. 4,2. 1022. 1075. 1092.
Titanate (Silikate und) II. 1.
Titanaugit II. 1043.
Titandioxyds, Gruppe des I. 2. 1543.
Titaneisen I. 2. 1853. 1856.
Titaneisenerz I. 2. 1860. 1861.
Titaneisenglimmer I. 2. 1854.
Titaneisenstein I. 2. 1856.
Titanerz I. 2. 1590.
Titanerz, eisenhaltiges I. 2. 1590. 1591. 1856.
Titanerz, pyramidales I. 2. 1567.
Titan-Favas I. 2. 1558. 1582.
Titanhydroklinohumit E. 694.
Titanioferrit I. 2. 1861.
Titanit I. 2. 1590; II. 1609. 1614.
Titankalk I. 2. 1590.
Titanmagneteisensand I. 2. 1861.
Titanoelpidit E. 696.
Titanolivin II. 22.
Titanomorphit II. 1616.
Titanosiderum I. 2. 1856.
Titanoxyd-Favas I. 2. 1582.
Tiza I. 4,1. 159.

Toad's-eye I. 2. 1699.
Tobermorit II. 1746.
Toddit E. 696.
Todorokit E. 697.
Todtenknochen I. 2. 1256.
Töpferblei I. 1. 51.
Törnebohmit E. 699.
Tolypit E. 697.
Tombazit I. 1. 618. 729. 783.
Tomosit II. 1156. 1157.
Ton II. 848.
Tonblei I. 4,2. 1155.
Toneisenstein I. 2. 1794; I. 3,1. 3161.
Toneisenstein, gelber I. 2. 2011.
Toneisenstein, brauner I. 2. 2011.
Toneisenstein, roter I. 2. 1797.
Tonerde, Hallische I. 3,2. 4432.
Tonerdephosphat, wasserhaltiges I. 4,2. 1285.
Tonquarz I. 2. 1469.
Tonsalz I. 2. 2155.
Topas II. 102.
Topas, orientalischer I. 2. 1750.
Topas, spanischer I. 2. 1400. 1402.
Topas-Andalusit-Gruppe II. 97.
Topas-Asterie I. 2. 1750.
Topas-Katzenauge I. 2. 1750.
Topazolith I. 4,2. 1164; II. 83. 84. 86.
Topfstein II. 817.
Tophus I. 2. 2010. 2024.
Torbanit I. 4,2. 1397. 1421. 1444.
Torberit I. 4,2. 989.
Torbernit I. 4,2. 972. 984. 1092.
Torendrikit E. 697.
Torf I. 1. 68
Tormerikit E. 699.
Tornasol I. 2. 1844.
Torrelit I. 4,1. 443. 468.
Torrensit I. 3,1. 3203. 3215.
Toryanit E. 700.
Toscana, Großherzog von (Diamant) I. 1. 15.
Totaigit II. 796.
Tourquois I. 4,2. 941.
Tourquois de la nouvelle roche I. 4,2. 945.
Tourquois de la vieille roche I. 4,2. 945.
Towanit I. 1. 922.
Trachyaugit E. 700.
Trainit E. 701.
Transvaalit I. 2. 2098.
Trappeisenerz I. 4,1. 37.
Trappisches Eisenerz I. 2. 1860.
Traubenblei I. 4,1. 580. 598.
Traversellit II. 1038.
Traversit E. 701.
Travertin I. 3,1. 2896.
Trechmannit E. 701.
Trechmannit-α E. 703.
Tremenheerit I. 1. 60.
Tremolit II. 1186. 1193.
Tressenwismut I. 1. 123.
Trevorit E. 705.
Trichalcit I. 4,2. 1202. 1231.
Trichitis I. 3,2. 4406.
Trichopyrit I. 1. 608.
Tridymit I. 2. 1446. 1448.
Trieuit E. 706.
Trigonit I. 4,2. 1313.
Triklasit II. 935.
Trimercuridioxychlorid I. 2. 2621.
Trinatriumdicarbonat-Dihydrat I. 3,1. 2759.
Trinkerit I. 4,2. 1423. 1425.
Tripe stone I. 3,2. 3766.
Tripel I. 2. 1507.
Tripelglanz I. 1. 1126. 1130.
Tripelschiefer I. 2. 1507.
Triphan II. 1119.
Triphylin I. 4,1. 220. 226.
Triplit I. 4,1. 231. 634. 695.
Triploidit I. 4,1. 634. 705.
Triploklas II. 1662.
Trippkeit I. 4,2. 1313. 1318.
Tripolit I. 2. 1508.
Trippel I. 2. 1507.
Tripuhyit I. 4.1. 391.
Triteites I. 1. 841.
Tritochorit I. 4,1. 661.
Tritomit II. 441.
Trögerit I. 4,2. 972. 1011.
Troilit I. 1. 633.
Trolleit I. 4,2. 1112. 1124.
Trona I. 3,1. 2748. 2756. 3469.
Troostit I. 1. 191; II. 37.
Tropfeis I. 2. 1221.
Trudellit I. 3,2. 4436.
Trümerquarz I. 2. 1346.
Trümmerachat I. 2. 1472. 1481.
Truffit E. 706.
Truscottit E. 706.
Tschermakit II. 1465. 1487.
Tschernichewit E. 707.
Tschermigit I. 3,2. 4487. 4498.
Tschewkinit II. 1641.
Tsilaisit E. 708.
Tsumebit I. 4,2. 862. 876.
Tuczonin I. 1. 158.
Türkis I. 4,2. 898. 941. 1091.
Tuesit II. 840.
Tuhualit E. 709.
Tujamunit I. 4,2. 972. 1005. 1091. 1092.
Tungspat I. 3,2. 3823.
Tungstein I. 3,2. 4070; II. 1328.
Tungsten II. 1328.
Tungstenit E. 709.
Tungstic Ocher I. 2. 1263.
Tungstit I. 2. 1263.
Turanit I. 4,2. 1093. 1108.
Turit E. 710.
Turjit I. 2. 2014. 2065.
Turkestanischer Volborthit E. 710.
Turmalin II. 311.
Turnerit I. 4,1. 295. 315.
Turpeth I. 2. 2332.

Turyit E. 710.
Tutanego I. 1. 557.
Tuxtlit E. 710.
Tychit I. 3,1. 2801. 2804.
Tyrit I. 4,1. 280.
Tysonit I. 2. 2559; I. 3,1. 3411. 3426.

Uddevallit I. 2. 1861.
Überschwefelblei I. 3,2. 3980.
Überschwefelblei = supersulfuret of lead = Johnstonit I. 1. 479 501.
U-Galena E. 710.
Ugandit E. 711.
Ugrandit E. 712.
Uhligit I. 4,2. 919.
Uigit II. 486.
Uintait I. 4,2. 1428. 1432.
Ulexit I. 4,1. 159.
Ullmannit I. 1. 789. 790.
Ulmit I. 4,2. 1441. 1443.
Ulrichit I. 3,2. 4153. 4175.
Ultrabasit E. 712.
Ultramarin II. 909.
Umangit I. 1. 544.
Umbra I. 2. 2015; II. 848.
Umbra, cyprische I. 3,1. 3607. 3626.
Unghvarit II. 1830.
Unghwarit II. 1830.
Unionit II. 203. 208.
Unitait I. 4,2. 1432.
Uraconit I. 3,2. 4445.
Uralit II. 1039. 1085.
Uralorthit II. 261. 268.
Uranblüte I. 3,2. 4445.
Uranelain I. 4,2. 1441. 1444.
Uranerz I. 3,2. 4159.
Uranglimmer I. 4,2. 971.
Urangrün I. 3,2. 4444.
Uranin I. 3,2. 4153. 4159.
Uraninit I. 3,2. 4159.
Uran-Kalk-Karbonat I. 3,1. 3506.
Uran-Kalk-Kupferkarbonat I. 3,1. 3508.
Urankarbonat I. 3,1. 3410.
Uranochalcit I. 3,2. 4444.
Uranocireit I. 4,2. 972. 998.
Uranocker I. 3,2. 4158. 4445.
Uranolepidit E. 713.
Uranophan I. 3,2. 4157.
Uranopilit I. 3,2. 4444.
Uranophyllit, kalziner I. 4,2. 989.
Uranophyllit, obligoner I. 4,2. 989.
Uranospathit I. 4,2. 972. 983. 1092.
Uranosphärit I. 3,2. 4447.
Uranospinit I. 4,2. 972. 996. 1992.
Uranotantal I. 4,1. 416.
Uranothallit I. 3,1. 3469. 3503.
Uranothorianit E. 713.
Uranothorit I. 2. 1673. 1674.
Uranotil I. 3,2. 4158.
Uranoxyd, basisch schwefelsaures I. 3,2. 4443.
Uranoxydoxydul, basisch schwefelsaures I. 3,2. 4444.
Uranpecherz I. 3,2. 4152. 4153.
Uranspat E. 713.
Uranvitriol I. 3,2. 4443.
Uranyluranat I. 3,2. 4152.
Urao I. 3,1. 2759. 3469.
Urbanit E. 714.
Urdit I. 4,1. 316.
Urkalk I. 3,1. 3300.
Urpethit I. 4,2. 1366.
Urusit I. 3,2. 4521.
Urvölgyit I. 3,2. 4389.
Usbekit E. 715.
Usrundsch I. 3,1. 3590.
Ussingit E. 716.
Utahit I. 3,2. 4396. 4412. 4437; I. 4,2. 1116.
Utahlit I. 4,2. 1282.
Uvanit I. 4,2. 972. 1016.
Uvit E. 718.
Uwarowit II. 80.

Vaalit II. 754.
Valait I. 4,2. 1435.
Valencianit II. 1400.
Valentinit I. 2. 1238. 1240.
Valleit E. 719.
Valleriit I. 1. 655; E. 719.
Vanadinaugit II. 1086.
Vanadinbleierz I. 4,1. 612.
Vanadinbleispat I. 4,1. 612.
Vanadinbronzit II. 983. 1068.
Vanadinchlorid I. 2. 2565.
Vanadineisenerz = Vanadinhaltiges Brauneisenerz I. 2. 2010. Anm. 3.
Vanadinit I. 4,1. 487. 608.
Vanadinocker I. 2. 1259.
Vanadinoxyd I. 2. 1259.
Vanadinsäure I. 2. 1259.
Vanadinspat I. 4,1. 612
Vanadiolaumontit E. 719.
Vanadiolith II. 1086.
Vanadit I. 4,1. 661.
Vanadit, rhombischer I. 4,1. 485.
Vandenbrandeit E. 720.
Vanoxit I. 4,2. 972. 1013.
Van't Hoffit I. 3,2. 3698.
Vanuxemit II. 1326.
Vargasit II. 1038.
Variscit I. 4,2. 902. 1273. 1279.
Variszit I. 4,2. 902. 1279.
Varvicit I. 2. 1724. 1727. 1734; I. 3,1. 3608.
Vasa murrhina I. 2. 2422. 2470.
Vashegyit I. 4,2. 897. 919. 928. 1091.
Vasit II. 261. 266.
Vaterit I. 3,1. 2884.
Vattenkis I. 1. 630.
Vauqueline I. 3,2. 4259.
Vauquelinit I. 3,2. 4258.
Vauxit I. 4,2. 898. 966.

Vegasit I. 3,2. 4204. 4542.
Velardenit E. 721.
Vena dulce I. 2. 1831.
Vena ferri jecoris colore optima I. 3,1. 3160.
Vena negra I. 2. 1831.
Venasquit II. 671. 673.
Vendéenit I. 4,2. 1397. 1414.
Venerit II. 848.
Venturait E. 721.
Verde di monte I. 3,1. 3362.
Vermiculit II. 551. 575. 753.
Vermontit I. 1. 856.
Vernadskijte, Vernadskyte, Vernadskyit, Vernadskite E. 721.
Vesbin I. 4,2. 862. 884.
Vestan I. 2. 1350. 1362.
Vestanit II. 832.
Vesuvian II. 277.
Vesuvian salt I. 3,2. 3692.
Veszelyit I. 4,2. 862. 891. 1091.
Viandit I. 2. 1506.
Victoria (Diamant) I. 1. 37.
Victorit II. 968. 996.
Viellaurit I. 3,1. 3203. 3215.
Vierzonit I. 2. 1523. 2060.
Vietinghofit I. 4,1. 421.
Vilateit I. 4,2. 829. 1274. 1297.
Villamaninit E. 722.
Villarsit II. 16.
Villiaumit I. 2. 2487.
Vilnit II. 1011.
Violaït E. 723.
Violan II. 1115.
Violarit E. 723.
Viride montanum I. 3,1. 3362.
Viridin E. 723.
Viridit E. 723.
Visirgraupen I. 2. 1680.
Viterbit E. 723.
Vitriol aus Cypern I. 3,2. 4380.
Vitriol de plomb I. 3,2. 3979.
Vitriol, grüner I. 3,2. 4354. 4361.
Vitriol, hellgrüner I. 3,2. 4361.
Vitriol, weißer I. 3,2. 4350.
Vitriolbleierz I. 3,2. 3980.
Vitriolgelb I. 3,2. 4197.
Vitriolkies I. 1. 722.
Vitriolo marziale I. 3,2. 3661.
Vitriolo nativo de plomo I. 3,2. 3979.
Vitriolocker I. 3.2. 4441.
Vitriolum commune I. 3,2. 4380.
Vitriolum veneris I. 3,2. 4380.
Vittingit II. 1162.
Vivianit I. 4,2. 1234. 1235.
Voelckerit E. 724.
Völknerit I. 2. 2087.
Voglianit I. 3,2. 4444.
Voglit I. 3,1. 3470. 3508.
Vogtit E. 724.
Voigtit II. 551. 554. 555.
Volborthit I. 4,2. 862. 885. 1091.
Volcanit I. 1. 95; II. 1031.
Volgerit I. 2. 1253. 1255.
Voltait I. 3,2. 4515.
Voltzin I. 1. 1207.
Voltzit I. 1. 1207.
Von Diestit I. 1. 1142.
Vonsenit E. 724.
Vorhauserit II. 770. 779.
Vosgit II. 1516.
Vrbait E. 724.
Vredenburgit I. 3,1. 3598. 3610. 3630.
Vulcanit = Volcanit I. 1. 95.
Vulpinit I. 3,2. 3766. 3781.
Vulpino de Bergamase, pierre de I. 3,2. 3765.

Wachs, fossiles I. 4,2. 1366.
Wachsopal I. 2. 1505.
Wackendeckel I. 1. 471.
Wackenrodit I. 3,1. 3598. 3615.
Wad I. 3,1. 3598. 3608. 3624.
Wad-Graphit I. 1. 51.
Wagit II. 1324.
Wagnerit I. 4,1. 634. 688.
Walait I. 4,2. 1428. 1435.
Walchowit I. 4,2. 1397. 1409.
Waldheimit II. 1208.
Walkererde II. 848.
Walkerit II. 1137.
Wallerian II. 1034. 1196. 1223.
Walmstedtit I. 3,1. 3127.
Walpurgin I. 4,2. 972. 1016.
Waltherit I. 3,1. 3351. 3407.
Waluewit II. 658. 661.
Wapplerit I. 3,1. 3612; I. 4,2. 767. 811.
Wardit I. 4,2. 897. 937.
Wargasit II. 1038.
Waringtonit I. 3,2. 4211. 4216.
Warrenit I. 1. 1019.
Warringtonit I. 3,2. 4211.
Warthait E. 725.
Warthit I. 3,2. 4464.
Warvicit I. 3,1. 3598.
Washingtonit I. 2. 1861. 1875.
Wasit II. 261. 266.
Wasser I. 2. 1211. 1220.
Wasserblei I. 1. 51. 411.
Wasserbleiocker I. 2. 1261.
Wasserbleisilber I. 1. 402.
Wasserblumen I. 2. 1220.
Wassereis I. 2. 1221.
Wasserkies I. 1. 630. 721. 722. 816. 818. 835.
Wasseropal I. 2. 1514.
Wassersaphir I. 2. 1750; II. 923.
Wasserstein I. 3,1. 2895.
Wassertalk I. 2. 2081.
Wattevillit I. 3,2. 4515. 4518.
Wavellit I. 1. 1947; I. 4,2. 897. 902. 919. 1091.
Webnerit I. 1. 1007. 1009.

Webskyit II. 1831.
Websterit I. 3,2. 4433.
Wehrlit I. 1. 403; II. 406.
Weibullit E. 725.
Weibyeit I. 3,1. 3411. 3445.
Weichbraunstein I. 2. 1727.
Weicheisenkies I. 1. 818. 822.
Weicherz I. 1. 437.
Weichgewächs I. 1. 437.
Weichgewix I. 1. 437.
Weichmanganerz I. 2. 1727; I. 3,1. 3598.
Weichroteisenerz I. 2. 2035.
Weinbergerit E. 726.
Weinschenkit E. 727.
Weisbachit E. 727.
Weißbleierz I. 3,1. 3045. 3059.
Weiß Ertz I. 1. 819.
Weißerz I. 1. 836. 840. 869. 885. 898; I. 3.1. 3161.
Weißgiltigerz I. 1. 1047. 1085. 1093.
Weißgolderz I. 1. 884.
Weißgülden I. 1. 1085.
Weißigit II. 1367. 1673.
Weißit II. 341.
Weißkupfer I. 1. 421.
Weißkupfererz I. 1. 731. 819. 823. 917. 918.
Weißnickelerz I. 1. 800.
Weißnickelkies I. 1. 800. 878.
Weißsilvanerz I. 1. 885.
Weißspiesglaserz I. 2. 1239.
Weißspiesglanzerz I. 2. 1238.
Weißtellur I. 1. 449. 884. 897.
Weldit E. 727.
Wellsit E. 727.
Weltauge I. 2. 1505.
Wentzelit I. 4,2. 768. 774. 821.
Wernatzkyit I. 3,2. 4385. 4388.
Wernerin II. 1128.
Wernerit II. 1554.
Werthemannit I. 3,2. 4413. 4435.
Weslienit E. 731.
Westanit II. 832.
Wetherillit E. 731.
Whartonit I. 1. 765.
Wheel ore I. 1. 1125.
Wheelerit I. 4,2. 1397. 1409.
Whewellit I. 4,2. 1340.
Whitneyit I. 1. 419.
Wickel-Kamacit I. 1. 156.
Widmannstätten'sche Figuren I. 1. 155.
Wiedgerit E. 731.
Wiesenerz I. 2. 2011. 2020.
Wiikit E. 731.
Wilkeit E. 736.
Willcoxit II. 656.
Willemit II. 34.
Willemitgruppe II. 34.
Williamsit II. 770. 786.
Willyamit I. 1. 795.
Wilnit II. 1011.
Wilsonit II. 1556. 1574.
Wiltshireit E. 737.
Wiluit II. 283. 301.
Winchellit E. 737.
Winchit E. 737.
Winklerit I. 2. 2076.
Wiserin I. 2. 1573; I. 4,1. 255.
Wiserit I. 2. 2091.
Wismut I. 1. 120.
Wismut luftsaures I. 3,1. 3403.
Wismutantimonnickelglanz I. 1. 796.
Wismutbleierz I. 1. 1036.
Wismutblende II. 44.
Wismutcarbonat, wasserhaltiges basisches I. 3,1. 3404. 3407.
Wismutfahlerz I. 1. 1088.
Wismutglanz I. 1. 393.
Wismutgold I. 1. 320.
Wismutkobalterz I. 1. 804. 805,
Wismutkobaltnickelkies I. 1. 965.
Wismutkupfererz I. 1. 978. 997. 1023. 1120.
Wismutnickelkies I. 1. 965.
Wismutnickelsulfid I. 1. 967.
Wismutocker I. 2. 1246.
Wismutocker, gelber I. 4,1. 381.
Wismutocker, grauer I. 4,1. 381.
Wismutoxychlorid I. 2. 2653.
Wismutoxyd, gelbes I. 3,2. 4234.
Wismutoxyd, kohlensaures I. 3,1. 3405.
Wismutsilber I. 1. 432.
Wismutskutterudit I. 1. 882.
Wismutspat I. 3,1. 3404.
Withamit II. 221. 242.
Witherit I. 3,1. 2958. 3036.
Wittichenit I. 1. 1120.
Wittichit I. 1. 1120.
Wittingit II. 1162.
Wittit E. 738.
Wocheinit I. 2. 1954. 1957.
Wodanit E. 738.
Wodankies I. 1. 784.
Wöhlerit II. 1140. 1144.
Wölchit I. 1. 1130
Wörthit II. 144. 147.
Wolfachit I. 1. 874.
Wolfram I. 3,2. 4117.
Wolframbleierz I. 3,2. 4092.
Wolframin I. 2. 1264.
Wolframit I. 2. 1264; I. 3,2. 4099. 4106.
Wolframocker I. 2. 1263.
Wolframsäure I. 2. 1264.
Wolfsbergit I. 1. 992. 993.
Wolfssalz I. 2. 2462.
Wolftonit I. 3,1. 3596.
Wolkenachat I. 2. 1472.
Wollastonit II. 1003.
Wolnyn I. 3,2. 3802. 3823.
Wood-tin I. 2. 1683.
Woodwardit I. 3,2. 4539.
Worobieffit E. 739.
Würfelanhydrit I. 3,2. 3740. 3755.
Würfelerz I. 1. 466; I. 4,2. 910.

Würfelgips I. 3,2. 3766.
Würfelspat I. 3,1. 2895; I. 3,2. 3766.
Würfelzeolith II. 1714. 1772.
Wüstenlack I. 3,1. 3633.
Wüstensalz I. 2. 2173.
Wüstit = Iozit E. 740.
Wulfenit I. 3,2. 4031. 4037.
Wundererde II. 845.
Wundersalz I. 3,2. 4267.
Wurtzilit I. 4,2. 1428. 1433.
Wurtzit I. 1. 594.
Wurtzit, manganhaltiger I. 1. 599.

Xalostocit E. 740.
Xanthiosit I. 4,1. 388.
Xanthit II. 283. 302.
Xanthitan I. 2. 1580; II. 1616. 1635.
Xanthoarsenit I. 4,1. 717.
Xanthochroit E. 740.
Xanthokon I. 1. 1078.
Xantholith II. 419. 426.
Xanthophyllit II. 658. 660.
Xanthopyrit I. 1. 723.
Xanthorthit II. 261. 266.
Xanthosiderit I. 2. 2013.
Xanthotitan II. 1635.
Xanthotitanit II. 1635.
Xanthoxen E. 740.
Xenolith II. 144. 147.
Xenotim I. 4,1. 240.
Xiphonit E. 741.
Xonaltit II. 1748.
Xonotlit II. 1749.
Xylit II. 766.
Xylochlor II. 1741.
Xyloretin I. 4,2. 1438.
Xylotil II. 766. 1195.

Yanit = Janit E. 741.
Yanolith II. 494.
Yenit II. 400.
Youngit I. 1. 1200.
Ytterbit II. 189.
Yttererde, phosphorsaure I. 4,1. 254.
Ytterflußspat I. 2. 2556.
Yttergranat II. 71. 83. 88.
Ytterjord, kolsyrad I. 3,1. 3502.
Ytterjord, phosphorsyrad I. 4,1. 254.
Ytterspat I. 4,1. 254.
Yttrialith E. 741.
Yttriumapatit E. 743.
Yttriumcalciumfluorid I. 2. 2558.
Yttriumcarbonat, wasserhaltiges I. 3,1. 3469.
Yttrium- und Cerfluoride, Gruppe der I. 2. 2554.
Yttrocalcit I. 2. 2556. 2558.
Yttrocererit I. 2. 2556.
Yttroceriocalcit I. 2. 2556.
Yttrocerit I. 2. 2556.
Yttrocrasit E. 744.
Yttrofluorit I. 2. 2554.
Yttroilmenit I. 4,1. 416. 420.
Yttro-Orthit E. 745.
Yttrotantalit I. 4,1. 405. 406.
Yttrotantalit, brauner I. 4,1. 280. 286. 406.
Yttrotantalit, braunschwarzer I. 4,1. 285.
Yttrotantalit, dunkler I. 4,1. 285. 406. 408.
Yttrotantalit, gelber I. 4,1. 280. 285. 406. 408.
Yttrotantalit, grauer I. 4,1. 280. 286. 406. 409.
Yttrotantalit, schwarzer I. 4,1. 406. 408.
Yttrotitanit II. 1609. 1615. 1632.
Yü II. 1245.
Yukonit I. 4,2. 898. 964.

Zahntürkis I. 4,2. 945.
Zamboninit E. 746.
Zamtit I. 3,1. 3528.
Zaratit I. 3,1. 3470. 3527.
Zeagonit II. 1810.
Zebedassit E. 747.
Zeilanit I. 4,1. 16.
Zellkies I. 1. 722. 818.
Zellquarz I. 2. 1351.
Zengit I. 4,2. 786. 820.
Zeolith (Beyer's) II. 1826.
Zeolithe II. 1653. 1654.
Zeophyllit E. 747.
Zepharovichit I. 4,2. 1274. 1306.
Zeugit I. 4,2. 767. 786. 820.
Zeunerit I. 4,2. 972. 994. 1092.
Zeuxit II. 367.
Ziegelerz I. 2. 1903. 1904. 1905.
Ziegelerz (Zinnober) I. 1. 681.
Zietrisikit I. 4,2. 1366.
Ziguéline I. 2. 1904.
Zilver I. 1. 220.
Zillerit E. 751.
Zillerthite II. 1193.
Zimapanit I. 2. 2565.
Zinc carbonatée I. 3,1. 3227.
Zincit I. 2. 1895.
Zinckenit I. 1. 1004.
Zincocalcit I. 3,1. 2896. 2952.
Zinconise I. 3,1. 3353.
Zincum acido aereo mineralisatum I. 3,1. 3227.
Zink I. 1. 128.
Zinkaluminit I. 3,2. 4534. 4539.
Zinkaluminiumsulfat-Dyskaiikosihydrat I. 3,2. 4513.
Zinkbarit, rhomboedrischer I. 3,1. 3228.
Zinkblende I. 1. 550. 558.
Zink-Bloom I. 3,1. 3353.
Zinkblüte I. 3,1. 3352.
Zinkbromid I. 2. 2346.
Zinkdibraunit I. 3,1. 3546. 3597.

Zinkenit I. 1. 1005.
Zinkfahlerz I. 1. 1086. 1093.
Zinkfayalit II. 27.
Zinkglas I. 3,1. 3228; II. 1316.
Zinkglaserz II. 1316.
Zink-Hausmannit I. 2. 2096.
Zinkhausmannit I. 3,1. 3569.
Zinkit I. 2. 1892.
Zinkjodit I. 2. 1346.
Zinkkupferchalkanthit E. 752.
Zink-Kupfer-Melanterit I. 3,2. 4376.
Zinkmanganat I. 2. 2095.
Zink-Mangan-Cummingtonit E. 752.
Zinkmanganerz I. 2. 2095.
Zinkmanganit I. 3,1. 3569.
Zinkmanganspat I. 3,1. 3211.
Zinkoferrit I. 4,1. 3. 66.
Zinkorhodochrosit E. 753.
Zinkosit I. 3,2. 3735. 4007. 4010.
Zinkoxyd I. 2. 1892.
Zinkphosphat-Tetrahydrat I. 4,2. 1223.
Zinkrömerit E. 753.
Zinkrhodochrosit I. 3,1. 3203.
Zinkschefferit E. 753.
Zinkselenid E. 754.
Zinkspat I. 3,1. 2809. 3112. 3220; II. 1316.
Zinkspinell I. 4,1. 3. 27.
Zinkstaurolith II. 428.
Zinksulfat I. 3,2. 4010.
Zinksulfat Heptahydrat I. 3,2. 4349.
Zinkteallit = Teallit E. 754.
Zinkvitriol I. 3,2. 4349.
Zinn I. 1. 339. 341. 344.
Zinnerner Hut I. 2. 1710.
Zinnerz I. 2. 1678. 1683.
Zinnerz, Cornisch I. 2. 1680. 1683.
Zinngranate I. 2. 1683.
Zinngraupen I. 1. 1682.
Zinn-Inseln I. 2. 1702.
Zinnkies I. 1. 1187. 1188.
Zinnkupferglanz I. 1. 1189.
Zinnober I. 1. 665. 671.
Zinnobergruppe I. 1. 665.
Zinnoberschiefer I. 1. 684.
Zinnsand I. 2. 1683.
Zinnsilicat I. 2. 1700.
Zinnspat I. 2. 1683.
Zinnstein I. 2. 1678. 1683.
Zinnstockwerke I. 2. 1684.
Zinntitanit E. 755.
Zinnwäsche I. 2. 1683.
Zinnwaldit II. 523. 587. 589.
Zinopel I. 2. 1378.
Zippeit I. 3,2. 4445.
Zirkelit E. 756.
Zirklerit E. 759.
Zirkon I. 2. 1628. 1637.
Zirkon-Favas I. 1. 1626.
Zirkon-Pyroxene II. 1140. 1176.
Zirkongruppe I. 2. 1623.
Zirkonit I. 2. 1637.
Zirkonoxyd I. 2. 1626. 1627.
Zirkonoxyd-Favas I. 2. 1582. 1626.
Zirlit I. 2. 1957.
Zittavit I. 4,2. 1340. 1351.
Zöblitzit II. 795.
Zölestin I. 3,2. 3929.
Zoesit E. 759.
Zoisit II. 200.
Zolfo I. 1. 73.
Zonochlorit II. 486.
Zootinsalz I. 3,1. 2683.
Zootinus kalicus I. 3,1. 2715.
Zootinus natronicus I. 3,1. 2684.
Zorgit I. 1. 519.
Zuber I. 2. 2195.
Zufre I. 1. 73.
Zundererz I. 1. 1027.
Zunyit II. 416. 885.
Zurlit II. 1585. 1586.
Zweckendruse I. 3,1. 2895.
Zweckenzinn I. 2. 1698.
Zwieselit I. 4,1. 231. 698.
Zwitter I. 2. 1682.
Zwittergestein I. 2. 1686.
Zwitterstock I. 2. 1686.
Zygadit II. 1453. 1465.

FSC
www.fsc.org
MIX
Papier | Fördert gute Waldnutzung
FSC® C083411

Kolibri 360 GmbH
Ferdinand-Jühlke-Straße 7
99095 Erfurt, Deutschland
produktsicherheit@kolibri360.de